智能制造领域高级应用型人才培养系列教材

工业机器人
机械结构与维护

主编　刘朝华
参编　石秀敏　杨雪翠　周旺发

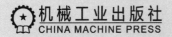

机械工业出版社

CHINA MACHINE PRESS

本书围绕工业机器人机械结构知识进行编写，主要内容包括绪论、工业机器人的本体结构、工业机器人的常用传动机构与维护、谐波减速器的结构与维护、RV减速器的结构与维护、工业机器人末端执行器以及工业机器人的维护与保养。通过典型实例，对工业机器人机械结构与维护进行详细论述，使读者对工业机器人本体结构有一个比较全面而清晰的认识。

本书可作为高等工科院校机械、自动化相关专业，职业院校工业机器人技术、自动化技术专业和技能培训的教材，也可作为从事工业机器人编程操作、安装调试和维护保养的工程技术人员的参考书。

本书配有电子课件，凡使用本书作为教材的教师可登录机械工业出版社教育服务网 http://www.cmpedu.com 注册后下载。咨询电话：010-88379375。

图书在版编目（CIP）数据

工业机器人机械结构与维护/刘朝华主编. —北京：机械工业出版社，2020.4（2021.8重印）

智能制造领域高级应用型人才培养系列教材

ISBN 978-7-111-64913-7

Ⅰ.①工… Ⅱ.①刘… Ⅲ.①工业机器人-结构-教材②工业机器人-维修-教材 Ⅳ.①TP242.2

中国版本图书馆 CIP 数据核字（2020）第 035008 号

机械工业出版社（北京市百万庄大街 22 号 邮政编码 100037）
策划编辑：薛 礼 责任编辑：薛 礼
责任校对：李 杉 封面设计：鞠 杨
责任印制：郜 敏
三河市宏达印刷有限公司印刷
2021 年 8 月第 1 版第 2 次印刷
184mm×260mm · 10.5 印张 · 256 千字
1901—3800 册
标准书号：ISBN 978-7-111-64913-7
定价：35.00 元

电话服务　　　　　　　　　　网络服务
客服电话：010-88361066　　机 工 官 网：www.cmpbook.com
　　　　　010-88379833　　机 工 官 博：weibo.com/cmp1952
　　　　　010-68326294　　金 书 网：www.golden-book.com
封底无防伪标均为盗版　　机工教育服务网：www.cmpedu.com

智能制造领域高级应用型人才培养系列教材
编审委员会

序

制造业是实体经济的主体，是推动经济发展、改善人民生活、参与国际竞争和保障国家安全的根本所在。 纵观世界强国的崛起，都是以强大的制造业为支撑的。 在虚拟经济蓬勃发展的今天，世界强国仍然高度重视制造业的发展。 制造业始终是国家富强、民族振兴的坚强保障。

当前，新一轮科技革命和产业变革蓬勃兴起，全球范围内创新资源快速流动，产业格局深度调整，我国制造业迎来"由大变强"的难得机遇。 实现制造强国的战略目标，关键在人才。 在全球新一轮科技革命和产业变革中，世界各国纷纷将发展制造业作为抢占未来竞争制高点的重要战略，把人才作为实施制造业发展战略的重要支撑，加大人力资本投资，改革创新教育与培训体系。 当前，我国经济发展进入新常态，制造业发展面临着资源环境约束不断强化、人口红利逐渐消失等多重因素的影响，人才是第一资源的重要性更加凸显。

《中国制造2025》第一次从国家战略层面描绘建设制造强国的宏伟蓝图，并把人才作为建设制造强国的根本，对人才发展提出了新的更高要求。 提高制造业创新能力，迫切要求着力培养具有创新思维和创新能力的拔尖人才、领军人才；强化工业基础能力，迫切要求加快培养掌握共性技术和关键工艺的专业人才；信息化与工业化深度融合，迫切要求全面增强从业人员的信息技术应用能力；发展服务型制造，迫切要求培养更多复合型人才进入新业态、新领域；发展绿色制造，迫切要求普及绿色技能和绿色文化；打造"中国品牌""中国质量"，迫切要求提升全员质量意识和素养等。

哈尔滨工业大学在20世纪80年代，研制出我国第一台弧焊机器人和第一台点焊机器人，30多年为我国培养了大量的机器人人才；苏州大学在产学研一体化发展上成果显著；天津职业技术师范大学从2010年开始培养机器人职教师资，秉承学校"动手动脑，全面发展"的办学理念，进行了多项教学改革，建成机器人多功能实验、实训基地，并开展了对外培训和鉴定工作。 这套规划教材的特色是结合这些院校人才培养特色以及智能制造类专业特点，坚持"理论先进，注重实践、操作性强，学以致用"的原则精选内容，依据在机器人、数控机床教学、科研、竞赛和成果转化等方面的丰富经验编写而成。 丛书中有些书已经出版，具有较高的质量，未出版的讲义在教学和培训中经过多轮的使用和修改，也收到了很好的效果。

我们深信，这套丛书的出版发行和广泛使用，不仅有利于加强各兄弟院校在教学改革方面的交流与合作，而且对智能制造类专业人才培养质量的提高也会起到积极的促进作用。

当然，由于智能制造技术发展非常迅速，编者编纂时间和掌握材料所限，丛书还需要在今后的改革实践中进一步检验、修改、锤炼和完善，殷切期望同行专家及读者们不吝赐教，多加指正和建议。

苏州大学教授、博导
教育部长江学者特聘教授
国家杰出青年基金获得者
国家万人计划领军人才
机器人技术与系统国家重点实验室副主任
国家科技部重点领域创新团队带头人
江苏省先进机器人技术重点实验室主任

2018年1月6日

Preface 前言

在德国提出工业 4.0 之后，世界制造业强国纷纷提出了自己在制造业方面的崭新构想。2015 年，中国提出了制造强国战略，重点强调了用信息化和工业化两化深度融合来引领和带动整个制造业的发展。围绕这一目标，工业机器人的发展和应用成为中国制造业走向高端化和智能化的重中之重。

据国际机器人联合会（IFR）最新发布的《全球机器人 2019（World Robotics 2019）》报告数据，2018 年全球工业机器人出货量为 42.2 万台，比上年增长 6%；年销售额达到 165 亿美元，创下新纪录。虽然 2019 年的工业机器人出货量与 2018 年的创纪录水平相比有所回落，但 IFR 预测，随着持续的自动化和技术改进，预计 2020 年—2022 年，全球工业机器人出货量将实现两位数的增长——平均每年增长约 12%，2022 年将达到 58.4 万台。受益于相关政策的扶持和传统产业转型升级的拉动，国产工业机器人市场实现了稳定的增长，工业机器人产业步入历史上的第二个繁荣发展期。随着工业机器人发展的深度和广度以及机器人智能水平的提高，工业机器人已在众多领域中得到了应用。从传统的汽车制造领域向非制造领域延伸，如采矿机器人、建筑机器人以及水电系统用于维护维修的机器人等，在国防军事、医疗卫生、食品加工以及生活服务等领域，工业机器人的应用也越来越多。

国内机器人产业所表现出来的爆发性增长，将会对工业机器人编程操作、安装调试和维护保养等方面的人才产生迫切的需求。本书着重围绕工业机器人本体结构、常用传动部件等内容展开论述，坚持少而精、通俗易懂、循序渐进的原则，力求做到"理论先进，内容实用、操作性强"，突出实践能力和创新素质的培养，通过典型实例描述，达到理论与实际的有机结合。

全书共分 7 章，第 1 章绪论主要介绍工业机器人基本概念；第 2～6 章主要介绍工业机器人机械结构方面的知识，包括工业机器人本体结构、工业机器人常用传动机构与维护、谐波减速器的结构与维护、RV 减速器的结构与维护以及工业机器人末端执行器；第 7 章介绍工业机器人维护与保养。这样的结构安排和内容设置可以使读者快速掌握工业机器人机械结构方面的知识，达到触类旁通的目的。

本书由天津职业技术师范大学刘朝华教授担任主编，天津职业技术师范大学杨雪翠、石秀敏，天津博诺机器人技术有限公司周旺发参与了编写。其中，刘朝华编写第 1、2、7 章，石秀敏编写第 3 章，杨雪翠编写第 4、5 章，周旺发编写第 6 章。天津职业技术师范大学研究生胡立强参与了书中部分插图的绘制。

在编写过程中，编者参阅了相关同类教材、书籍和纳博特斯克公司、哈默纳科公司以及安川公司的技术资料，得到了天津市人才发展特殊支持计划"智能机器人技术及应用"高层次创新创业团队项目、教育部财政部职业院校教师素质提高计划职教师资培养资源开发项目（VTNE016）和天津职业技术师范大学校级教学改革与质量建设研究重点项目（JGZ2015-02）的资助。本书在编写过程中还得到了全国机械职业教育教学指导委员会，天津市机器人学会，天津职业技术师范大学机器人及智能装备研究所、机电工程系，以及天津博诺机器人技术有限公司的大力支持和帮助，在此深表谢意。本书承蒙天津职业技术师范大学阎兵教授细心审阅，提出许多宝贵意见，在此表示衷心的感谢。

由于编者学术水平所限，改革探索经验不足，书中难免存在不妥之处，恳请同行专家和读者们不吝赐教，多加批评和指正。

编 者

Contents　目录

第1章

绪论

学习目标

1. 理解工业机器人的定义。
2. 熟悉工业机器人的特点、发展现状和趋势。
3. 了解工业机器人的典型应用。
4. 掌握工业机器人结构基础的相关知识。

工业机器人是机器人家族中的重要一员，也是目前应用最多的一类机器人，已经成为衡量一个国家制造水平和科技水平的重要标志。本章主要介绍工业机器人的定义、特点、发展现状和典型应用相关知识。

1.1 工业机器人的定义及特点

工业机器人是面向工业领域的多关节机械手或多自由度的机器人。工业机器人是自动执行工作的机器装置，是靠自身动力和控制能力来实现各种功能的一种机器。它可以接受人类指挥，也可以按照预先编制的程序运行。现代工业机器人还可以根据人工智能技术制订的原则纲领行动。

目前，使用较多的工业机器人定义主要有以下几种：

1）国际标准化组织（ISO）将工业机器人定义为：一种自动的、位置可控的、具有编程能力的机械手，这种机械手具有几个轴，能够借助于可编程序操作来处理各种材料、零件、工具和专用装置，以执行各种任务。

2）美国机器人工业协会（RIA）将工业机器人定义为：用来进行搬运材料、零部件和工具等的、可再编程的多功能机械手，或通过不同程序的调用来完成各种工作任务的特种装置。

3）日本机器人协会（JRA）将工业机器人定义为：一种装备有记忆装置和末端执行器的、能够转动并通过自动完成各种移动来代替人类劳动的通用机器。

4）我国 GB/T 12643—2013 标准将工业机器人定义为：一种能够自动定位控制、可重复编程的、多功能的、多自由度的操作机，能搬运材料、零件或操持工具，用于完成各种作业。

工业机器人最显著的特点可归纳为以下几点：

1）可编程。生产自动化的进一步发展是柔性自动化。工业机器人可随其工作环境变化的需要而再编程，因此它在小批量、多品种、具有均衡高效率的柔性制造过程中能发挥很好的功用，是柔性制造系统（FMS）中的一个重要组成部分。

2）拟人化。工业机器人在机械结构上有类似人的大臂、小臂、手腕和手爪等部分，在控制上有计算机。此外，智能化工业机器人还有许多类似人类的"生物传感器"，如皮肤型接触传感器、力传感器、负载传感器、视觉传感器和声觉传感器等。传感器提高了工业机器人对周围环境的自适应能力。

3）通用性好。除了专门设计的专用工业机器人外，一般工业机器人在执行不同的作业任务时具有较好的通用性。例如：更换工业机器人末端执行器（手爪、工具等）便可执行不同的作业任务。

4）机电一体化。工业机器人技术涉及的学科相当广泛，但是归纳起来是机械学和微电子学的结合——机电一体化技术。第三代智能机器人不仅具有获取外部环境信息的各种传感器，还具有记忆能力、语言理解能力、图像识别能力和推理判断能力等人工智能，这些都和微电子技术的应用，特别是计算机技术的应用密切相关。

1.2 工业机器人的发展现状和趋势

1920 年，捷克剧作家卡雷尔·查培克在其剧本《罗萨姆的万能机器人》中最早使用了机器人一词，剧中机器人"Robot"这个词的本义是苦力，即剧作家笔下的一个具有人的外表、特征和功能的机器，是一种人造的劳力。它是最早的工业机器人设想。

1954 年，美国人戴沃尔最早提出了工业机器人的概念，并申请了专利。该专利的要点是借助伺服技术控制机器人的关节，利用人手对机器人进行动作示教，机器人能实现动作的记录和再现。这就是所谓的示教再现机器人。现有的机器人基本都采用这种控制方式。1958

年，美国人约瑟夫·恩盖尔伯格建立了 Unimation 公司，利用戴沃尔的专利技术，研制成功世界上第一台真正意义上的工业机器人 Unimate，如图 1-1 所示，开创了机器人发展的新纪元。约瑟夫·恩盖尔伯格对世界机器人工业做出了杰出的贡献，被称为"机器人之父"。

从 1968 年起，Unimation 公司先后将机器人的制造技术转让给了日本 KAWASAKI（川崎）公司和英国 GKN 公司，机器人开始在日本和欧洲得到了快速发展。1969 年，美国通用汽车公司用 21 台工业机器人组成了焊接轿车车身的自动生产线。

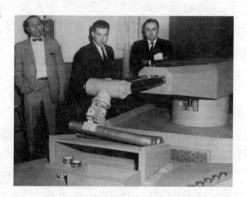

图 1-1　世界第一台工业机器人

此后，各工业发达国家都很重视研制和应用工业机器人。

世界各国发展工业机器人产业的过程可归纳为三种不同的发展模式，即日本模式、欧洲模式和美国模式。

1）日本模式的特点是：各司其职，分层面完成交钥匙工程，即机器人制造厂商以开发新型机器人和批量生产优质产品为主要目标，并由其子公司或社会上的工程公司来设计制造各行业所需要的机器人成套系统，完成交钥匙工程。

2）欧洲模式的特点是：一揽子交钥匙工程，即机器人的生产和用户所需要的系统设计制造全部由机器人制造厂商自己完成。

3）美国模式的特点是：采购与成套设计相结合。美国国内基本上不生产普通的工业机器人，企业需要机器人通常由工程公司进口，再自行设计、制造配套的外围设备，完成交钥匙工程。

中国的机器人产业应走什么道路、如何建立自己的发展模式确实值得探讨。中国工程院在《我国制造业焊接生产现状与发展战略研究》总结报告中提到，我国应从美国模式着手，在条件成熟后逐步向日本模式靠近。

机器人作为 20 世纪人类最伟大的发明之一，从简单机器人到智能机器人已经得到了长足的发展。当前，工业机器人正向着网络化、智能化、模块化等方向飞速发展。工业机器人产业有如下发展趋势：

1）工业机器人与信息技术深度融合。大数据和云存储技术使机器人逐步成为物联网的终端和节点。信息技术的快速发展将工业机器人与网络融合，组成复杂性强的生产系统，各种算法（如蚁群算法、免疫算法等）可以逐步应用于机器人应用中，使其具有类人的学习能力，多台机器人协同技术使一套生产解决方案成为可能。

2）工业机器人易用性与稳定性提升。随着机器人标准化结构、集成一体化关节、自组装与自修复等技术的改善，机器人的易用性与稳定性不断被提高。一是工业机器人的应用领域已经从较为成熟的汽车、电子产业延展至食品、医疗、化工等更广泛的制造领域，服务领域和服务对象不断增加，机器人本体向体积小、应用广的特点发展。二是工业机器人成本快速下降。机器人技术和工艺日趋成熟，机器人初期投资相较于传统专用设备的价格差距缩小，在个性化程度高、工艺和流程烦琐的产品制造中替代传统专用设备具有更高的经济效率。三是人机关系发生深刻改变。例如：工人和机器人协同工作时，机器人能够通过简易的感应方式理解人类语言、图形、身体指令，利用其模块化的插头和生产组件，免除工人复杂的操作。现有阶段的人机协作存在较大的安全问题，尽管具有视觉和先进传感器的轻型工业机器人已经被开发出来，但是目前仍然缺乏安全可靠的工业机器人协作的技术规范。

3）工业机器人向模块化、智能化和系统化方向发展。第一，模块化改变了传统机器人的构型仅能适用有限范围的问题，工业机器人的研发更趋向采用组合式、模块化的产品设计思路，重构模块化帮助用户解决产品品种、规格与设计制造周期和生产成本之间的矛盾。例如：关节模块中伺服电动机、减速器和检测系统的三位一体化，由关节、连杆模块重组的方式构造机器人整机。第二，机器人产品向智能化发展的过程中，工业机器人控制系统向开放性控制系统集成方向发展，伺服驱动技术向非结构化、多移动机器人系统改变，机器人协作已经不仅是控制的协调，而是机器人系统的组织与控制方式的协调。第三，工业机器人技术不断延伸，目前的机器人产品正在嵌入工程机械、食品机械、实验设备和医疗器械等传统装备之中。

4）新型智能工业机器人市场需求增加。新型智能工业机器人，尤其是具有智能性、灵活性、合作性和适应性的机器人需求持续增加。第一，下一代智能工业机器人的精细作业能力被进一步提升，对外界的适应感知能力不断增强。第二，市场对工业机器人灵活性方面的需求不断提高。雷诺公司目前使用了一批 29kg 的拧螺钉机器人，它们在仅有的 1.3m 长机械臂中嵌入 6 个旋转接头的机器臂均能灵活操作。第三，工业机器人与人协作能力的要求不断增强。未来机器人能够靠近工人执行任务。新一代智能工业机器人采用声呐、摄像头或者其他技术感知工作环境是否有人，如有碰撞可能它们会减慢速度或者停止运行。

1.3　工业机器人典型应用

历史上第一台工业机器人是用于通用汽车的材料处理工作的。随着机器人技术的不断进步与发展，它们可以做的工作也变得多样化起来，如喷涂、码垛、搬运、包装、焊接及装配等。

（1）机械加工应用　在机械加工行业中，工业机器人应用量并不高，主要原因是市面上有许多自动化设备可以胜任机械加工的任务。机械加工机器人的主要应用领域包括零件铸造、激光切割以及水射流切割。

（2）喷涂应用　这里的喷涂主要指的是涂装、点胶和喷漆等工作，只有4%的工业机器人从事喷涂工作。

（3）装配应用　装配机器人主要从事零部件的安装、拆卸以及修复等工作，近年来机器人传感器技术的飞速发展导致机器人装配应用越来越多样化。

（4）焊接应用　机器人焊接应用主要包括在汽车行业中使用的点焊和弧焊，虽然点焊机器人比弧焊机器人更受欢迎，但是弧焊机器人近年来发展势头十分迅猛。许多加工车间都逐步引入焊接机器人，用来实现自动化焊接作业。

（5）搬运应用　目前搬运仍然是机器人的第一大应用领域，约占机器人应用的40%左右。许多自动化生产线需要使用机器人进行上下料、搬运以及码垛等操作。近年来，随着协作机器人的兴起，搬运机器人的市场份额一直呈增长态势。

1.4　工业机器人的主要生产企业

机器人研发水平最高的是日本、美国和欧洲国家。日本在工业机器人领域研发实力非常强，全球一度有60%的工业机器人来自日本，美国则在特种机器人研发方面全球领先。目前在国际工业机器人领域处于领先地位的公司，可以分为"四大家族"及"四小家族"两个阵营。"四大家族"即为瑞士ABB公司、日本FANUC（发那科）公司、日本YASKAWA（安川）公司和德国KUKA（库卡）公司，"四小家族"即为日本OTC（欧地希）公司、日本PANASONIC（松下）公司、日本NACHI（那智不二越）公司和日本KAWASAKI（川崎）公司。国际上其他著名的机器人公司还有美国Adept Technology（爱德普）公司，意大利的COMAU（柯马）公司以及日本EPSON（爱普生）公司等。

国产工业机器人行业也涌现出了较多知名公司，如广州数控设备有限公司、沈阳新松机器人自动化股份有限公司、安徽芜湖埃夫特智能装备有限公司和上海新时达机器人有限公司，它们一同被称为国产机器人的"四小家族"。另外，南京埃斯顿公司、广州启帆等企业也成为行业的领军企业。

对比不同外资厂商2015年的销售情况，外资厂商仍以"四大家族"为首，即发那科、ABB、安川和库卡。四家外资厂商合计销售量占总销售量的比例超过50%，发那科销售量最高，占比达到15.50%，如图1-2所示。相关调查报告显示，2015年中国市场外资品牌工业机器人主要销往汽车行业。汽车行业的销售量占比超40%，主要有两方面原因：一方面，汽车行业自动化要求更高，对工业机器人的需求更高，因此，外资品牌多采取以汽车行业为销售重心，逐渐向其他行业扩散的销售策略；另一方面，国内市场规模较大的汽车厂商以外资厂商为主，通常来说，它们会与工业机器人外资厂商保持长期合作关系，双方供货关系较为稳定。

对比不同国内厂商2015年的销售情况，市场表现较好的国内厂商分别是广州启帆、埃夫特、新松、埃斯顿、广州数控和新时达，相较其他国内厂商，这五家厂商起步较早，目前都已具备一定规模和技术实力，如图 1-3 所示。相关调查报告显示，2015 年，中国市场国产品牌工业机器人的应用行业比较分散，相较而言，电子行业和塑料橡胶行业是主要应用行业，与汽车行业和金属加工行业相比，电子行业和塑料橡胶行业对机器人性能和稳定性等方面的要求相对较低，两个行业所应用的机器人对 Cartesian3D/2D（直角坐标型）、Delta3D/2D（并联型）以及 Articulated arm（关节型）需求较高，而国内厂商也有足够能力生产这三种机型，因此，国产品牌工业机器人多数销往电子行业和塑料橡胶行业。

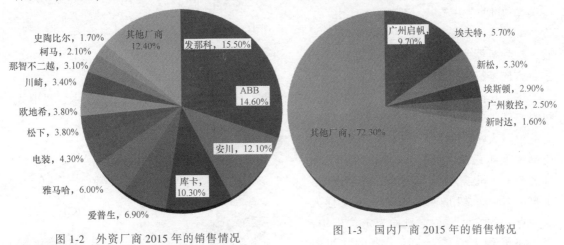

图 1-2 外资厂商 2015 年的销售情况　　　　图 1-3 国内厂商 2015 年的销售情况

1.5 工业机器人结构基础

1.5.1 自由度

机器人的自由度（Degree of Freedom）是指机器人本体（不含末端执行器）相对于基坐标系（机器人坐标系）进行独立运动的数目。从运动学原理上说，绝大多数机器人本体都是由若干关节（Joint）和连杆（Link）组成的运动链。机器人的关节种类决定了机器人的运动自由度。通常机器人有平移、摆动和回转 3 种自由度，如图 1-4 所示。

图 1-4 自由度的表示方法

a) 平移 b) 回转 c) 绕水平轴摆动 d) 绕垂直轴摆动

现以常见的 SCARA 水平关节机器人和 6 轴垂直关节机器人为例进行说明。

（1）SCARA 水平关节机器人
SCARA 水平关节机器人有 4 个自由
度，如图 1-5 所示。SCARA 水平关节
机器人的大臂与机身的关节、大小臂
的关节都为摆动关节，具有 2 个自由
度；小臂与腕部的关节为平移关节，
具有 1 个自由度；腕部和末端执行器
的关节为回转关节，具有 1 个自由
度，实现末端执行器绕垂直轴线的旋
转。这种机器人适用于平面定位，在
垂直方向进行装配作业。

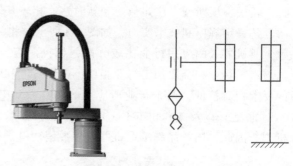

图 1-5　SCARA 水平关节机器人自由度

（2）6 轴垂直关节机器人　6 轴垂直关节机器人有 6 个自由度，如图 1-6 所示，机器人
机身与底座处的腰关节、大臂与机身处的
肩关节、大小臂间的肘关节，以及小臂、
腕部和手部三者之间的 3 个腕关节。在 6
轴关节工业机器人中，第 1~3 轴驱动的 3
个自由度，通常用于手腕基准点（又称为
参考点）的空间定位，故称为定位机构；
第 4~6 轴用来调整末端执行器的空间姿
态，如使得工具与作业面垂直等，故称为
定向机构。

在三维空间中的无约束的物体，它一
定是具有 6 个自由度，否则不可能做到无

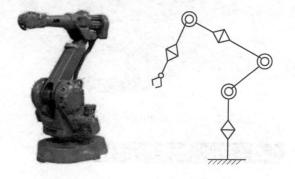

图 1-6　6 轴垂直关节机器人自由度

约束，而工业机器人若想在一个三维空间内任意操纵物体的位置与姿态，也必须至少有 6 个
自由度。人的手臂有 7 个自由度，其中肩关节有 3 个，肘关节有 1 个，手关节有 3 个，它比
6 个自由度还多 1 个，称为冗余自由度（Redundant Degree of Freedom）。这个冗余自由度主
要作用为回避障碍物。机器人自由度的构成与它的工作任务有关。例如：若在一个平面内运
动，只需要 3 个自由度就够了；如果在一个空旷的空间内工作，有 6 个自由度就可以随心所
欲了；如果空间内有很多障碍物，那么为了躲避这些障碍物，就势必要有多个冗余自由度才
行；如果用机器人进行一些难以接近的维修工作，如核电站、化学品生产工厂等，就要有更
多的冗余自由度。

1.5.2　坐标系

工业机器人的运动实质是根据不同作业内容和轨迹的要求，在各种坐标系下的运动。工
业机器人的坐标系主要包括大地坐标系、基坐标系、关节坐标系、工件坐标系和工具坐标
系，如图 1-7 所示。

1. 大地坐标系

大地坐标系是被固定在空间上的标准直角坐标系，也称为世界坐标系或绝对坐标系。大
地坐标系是坐标系系统最底层的坐标系。在多个机器人联动和带有外部轴的机器人中会用到
大地坐标系，90% 的大地坐标系与基坐标系是重合的。但是，以下两种情况下两者不重合：

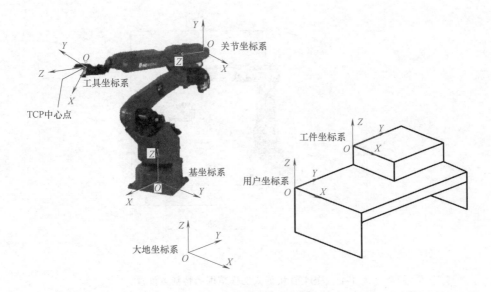

图 1-7　工业机器人坐标系

　　1）机器人倒装。倒装机器人的基坐标系与大地坐标系 Z 轴的方向是相反的。

　　2）带有外部轴的机器人。大地坐标系的位置是固定的，而基坐标系却可以随着机器人整体的移动而移动。

　　2. 基坐标系

　　基坐标系是机器人其他坐标系的参照基础，是机器人示教与编程时经常使用的坐标系之一。它的位置没有硬性的规定，一般定义在机器人安装面与第一转动轴的交点处。

　　3. 关节坐标系

　　关节坐标系的原点设置在机器人关节中心点处，反映了该关节处每个轴相对该关节坐标系原点位置的绝对角度。

　　4. 工件坐标系

　　工件坐标系是用户自定义的坐标系，用户坐标系也可以定义为工件坐标系，可根据需要定义多个工件坐标系，当配备多个工作台时，选择工件坐标系操作更为简单。

　　5. 工具坐标系

　　工具坐标系是原点在机器人末端的工具中心点（Tool Center Point，TCP）处的坐标系，原点及方向都是随着末端位置与角度不断变化的，该坐标系实际是将基坐标系通过旋转及位移变化而来的。因为工具坐标系的移动以工具的有效方向为基准，与机器人的位置、姿势无关，所以进行相对于工件不改变工具姿势的平行移动最为适宜。

1.5.3　工作范围

　　工作范围（Working Range）又称为作业空间，是衡量机器人作业能力的重要指标。工作范围越大，机器人的作业区域也就越大。机器人样本和说明书中所提供的工作范围是指机器人在未安装末端执行器时，其手腕中心处基准点（参考点）所能到达的空间。图 1-8 所示为 IRB120 工业机器人的工作范围。表 1-1 列出了 IRB120 机器人工作范围的特征点位置。表 1-2 列出了 IRB120 机器人各轴的动作类型和范围。

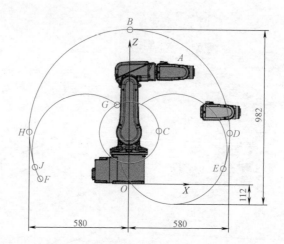

图 1-8　IRB120 工业机器人的工作范围

表 1-1　IRB120 机器人工作范围的特征点位置

位置	手腕中心处的位置		角度	
	X	Z	轴 2	轴 3
A	302mm	630mm	0°	0°
B	0mm	870mm	0°	−76.9°
C	169mm	300mm	0°	+70°
D	580mm	270mm	+90°	−76.9°
E	545mm	91mm	+110°	−76.9°
F	−513mm	28mm	−110°	−90°
G	−67mm	445mm	−110°	+70°
H	−580mm	270mm	−90°	−76.9°
J	−545mm	91mm	−110°	−76.9°

表 1-2　IRB120 机器人各轴的动作类型和范围

动作位置	动作类型	范围
轴 1	旋转动作	−165° ～ +165°
轴 2	手臂动作	−110° ～ +110°
轴 3	手臂动作	−90° ～ +70°
轴 4	手腕动作	−160° ～ +160°
轴 5	弯曲动作	−120° ～ +120°
轴 6	转向动作	−400° ～ +400°

　　表 1-3 列出了其他典型机器人各轴的工作范围。注意：机器人每个运动轴的名称各家公司定义有所不同，并无本质上的区别。工作范围的大小决定于机器人各个关节的运动极限范围，其与机器人的结构有关。工作范围应剔除机器人在运动过程中可能产生自身碰撞的干涉区域；此外，机器人实际使用时，还需要考虑安装了末端执行器之后可能产生的碰撞，因此，实际工作范围还应剔除末端执行器与机器人碰撞的干涉区域。

表1-3 其他典型机器人各轴的工作范围

型号	工作范围					
发那科 M-20iA	J_1	340°	J_3	458°	J_5	360°
	J_2	260°	J_4	400°	J_6	900°
安川 ES165D	S 轴	+180°~-180°	U 轴	+230°~-142.5°	B 轴	+120°~-120°
	L 轴	+76°~-60°	R 轴	+205°~-205°	T 轴	+200°~-200°
库卡 KR 60-4 KS	A_1	+150°~-150°	A_3	+158°~-120°	A_5	+119°~-119°
	A_2	+75°~-105°	A_4	+350°~-350°	A_6	+350°~-350°

机器人的工作范围内还可能存在奇异点（Singular Point）。奇异点是由于结构的约束，导致关节失去某些特定方向的自由度的点。奇异点通常存在于作业空间的边缘，如奇异点连成一片，则称为空穴。机器人运动到奇异点附近时，由于自由度的逐步丧失，关节的姿态需要急剧变化，这将导致驱动系统承受很大的负载而产生过载，因此对于存在奇异点的机器人来说，其工作范围还需要剔除奇异点和空穴。

1.5.4 安装方式

机器人的安装方式与结构和应用场合有关。一般而言，直角坐标机器人大都采用落地式（Floor）安装；并联结构机器人则采用倒置（Inverted）安装；水平串联结构的多关节机器人可采用落地式和壁挂式（Wall）安装；而垂直串联结构的多关节机器人除了常规的落地式、壁挂式和倒置式外，还可以根据实际需要选择倾斜式（Tilted）等安装方式。图1-9所示为机器人常用的安装方式示意图。图1-10所示为机器人安装方式实例。

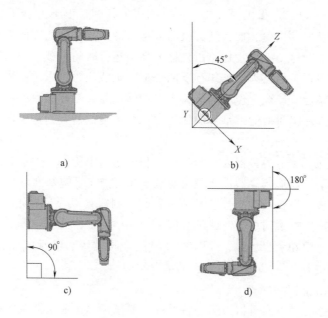

图1-9 机器人常用安装方式示意图

a）落地式　b）倾斜式　c）壁挂式　d）倒置式

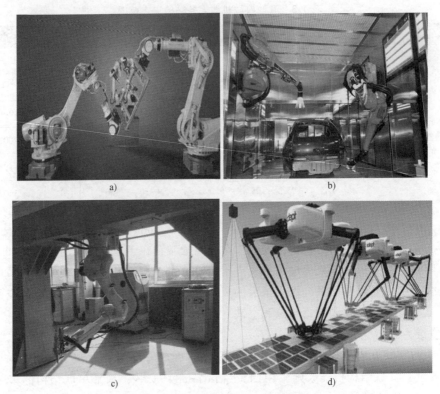

图 1-10　机器人安装方式实例

a）落地式　b）壁挂式　c）倒置式　d）倒置式

1.5.5　承载能力

承载能力（Payload）是指机器人在工作范围内的任何位姿上所能承受的最大质量。承载能力不仅决定于负载的质量，而且还与机器人运行的速度和加速度的大小和方向有关。为了安全起见，承载能力这一技术指标是指机器人高速运行时的承载能力。通常，承载能力不仅指负载，而且还包括了机器人末端执行器的质量。承载能力可以用质量、力和转矩等技术参数表示。例如：搬运、装配、包装类机器人指的是机器人能够抓取的物品质量，切削加工类机器人是指机器人加工时所能够承受的切削力，焊接类机器人则指机器人所能安装的末端执行器质量。

对于搬运、装配、包装类机器人，产品样本和说明书中所提供的承载能力，一般是指不考虑末端执行器的结构和形状、假设负载重心位于参考点（手腕基准点）时，机器人高速运动可抓取的物品质量。当负载重心位于其他位置时，则需要以允许转矩（Allowable Torque）或图表形式来表示重心在不同位置时的承载能力。

例如：承载能力为 6kg 的 ABB 公司 IRB 140 工业机器人，其承载能力随负载重心位置变化的规律如图 1-11 所示，其他公司的产品情况类似。

1.5.6　运动速度和加速度

运动速度和加速度是表明机器人运动特性的主要指标。工业机器人的运动速度一般是指机器人在空载、稳态运动时所能够达到的最大运动速度。工业机器人运动速度用参考点在单位时间内能够移动的距离（mm/s）、转过的角度或弧度（°/s 或 rad/s）表示。它按运动轴

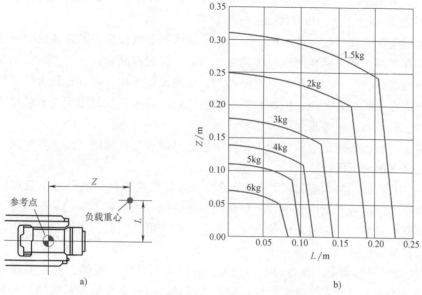

图 1-11　负载重心位置变化时的承载能力

分别进行标注。表 1-4 列出了 IRB120 机器人各轴的运动速度。

表 1-4　IRB120 机器人各轴的运动速度

机器人类型	轴 1	轴 2	轴 3	轴 4	轴 5	轴 6
IRB120/（°/s）	250	250	250	320	320	420
IRB120T（改进型）/（°/s）	250	250	250	420	590	600

　　说明书中通常提供了主要运动自由度的最大稳定速度，但在实际应用中单纯考虑最大稳定速度是不够的。这是因为，由于驱动器输出功率的限制，从起动到最大稳定速度或从最大稳定速度到停止，都需要一定时间。如果最大稳定速度高，允许的极限加速度小，则加减速的时间就会长一些，对应用而言的有效速度就要低一些；反之，如果最大稳定速度低，允许的极限加速度大，则加减速的时间就会短一些，这有利于有效速度的提高。但如果加速或减速过快，有可能引起定位时超调或振荡加剧，使到达目标位置后需要等待振荡衰减的时间增加，则可能使有效速度反而降低。所以，考虑机器人运动特性时，除注意最大稳定速度外，还应注意其最大允许的加速度。

1.5.7　定位精度

　　机器人的定位精度是指机器人定位时，执行器实际到达的位置和目标位置间的误差值。它是衡量机器人作业性能的重要技术指标。机器人样本和说明书中所提供的定位精度一般是各坐标轴的重复定位精度（Position Repeatability），在部分产品上，有时还提供了轨迹重复精度（Path Repeatability）。机器人的重复定位精度逐渐在提高，现在已经达到 ±0.03mm 的高精度。

　　由于绝大多数机器人的定位需要通过关节的旋转和摆动实现，其空间位置的控制和检测远远比以直线运动为主的数控机床困难得多，因此，机器人的位置测量方法和精度计算标准都与数控机床不同。目前，工业机器人的位置精度检测和计算标准一般采用 ISO 9283—1998

《Manipulating industrial robots-Performance criteria and related test methods（操作型工业机器人性能标准和测试方法）》或 JIS B8432（日本）等。

机器人的定位需要通过运动学模型来确定末端执行器的位置，其理论位置和实际位置之间本身就存在误差，加上结构刚性、传动部件间隙、位置控制和检测等多方面的原因，其定位精度与数控机床、三坐标测量机等精密加工、检测设备相比，还存在较大的差距，因此它一般只能作为零件搬运、装卸、码垛和装配的生产辅助设备，或是用于位置精度要求不高的焊接、切割、打磨和抛光等粗加工。

下面讨论影响机器人定位精度的主要因素，通过对这些因素的了解，产生精度问题时就可以分析是哪方面出了问题。

1）负载引起的误差。当静态没有加负载时，定位精度很高，但是加上负载后，就达不到这个定位精度。这常常是由于手臂上负载的重力或机器人手臂上加的一些电缆、管道等重物造成了手臂的变形，这种变形的特点是沿重力方向变形。因此，由于这种原因产生的定位误差可以很容易查出。

2）惯性力引起的变形。惯性力是在做加速或减速时才会出现的，这些惯性力也会引起手臂的变形。如果是弹性变形就会在停止时产生振动，把这个变形能释放掉。如果是塑性变形（一般不会产生这方面的问题），那么肯定在定位后，发现位置不正确。这些问题发生后也比较容易发现，因为它的变形方向可以推测出来。但是，比较容易出现的问题是夹持器在惯性力作用下发生松动，而使零件定位不准。而且这个定位不准还非常不容易发现，所以在出现定位不准时要注意到由于惯性力造成夹具的夹持力不够而引起的定位精度变化。

3）在机器人中所用的减速器多半是 RV 减速器与谐波减速器，而这两种减速器的回差都是不可避免的。回差就是指减速器加负载与不加负载引起的转角的变化。特别是谐波减速器中有一个柔轮，在其输出轴不加负载和加上负载（一定的扭矩）时转角肯定是不同的，也就是这个柔轮的变形不同。RV 减速器是钢制的摆线针轮，也存在回差，因为齿轮或者针轮之间存在间隙，所以不可能不存在回差。当然可能作为变形而形成的回差不会很大，但是间隙造成的回差肯定会有。以上的回差只要是有规律的，高级的机器人是可以予以补偿的。

4）驱动齿轮的松动和传动皮带的松弛引起的定位误差。这个问题是比较不好处理的问题。发生这种情况的概率不是很大，因为大多数都有双层保险装置。皮带的松弛也不是一两天就可能变化的情况。但是，应肯定的是这两项因素确实可能产生定位误差的问题。特别是驱动齿轮松动，会立刻产生较大的误差。而皮带松弛是慢慢地变化，误差逐渐地增大。为了防止这类情况发生，所有的同步带要有很高的强度余量，预拉紧要严格按规定进行。齿轮的传动装置必须进行紧固，要有严格的保险装置，所以要尽可能采用斜齿轮传动。

5）热效应引起的机器人手臂的膨胀与收缩。这个问题一般不会引起人们的注意。如果手臂过热，确实要考虑它对定位精度的影响。如果机器人手臂用手摸上去不太热就不要怀疑了，这种怀疑一定要慎重，不可轻易下结论。下结论时要测温，还要做相关计算，然后才可怀疑是否是这个因素。

6）轴承的游隙等零件结构引起的误差。这种误差有可能出现，但这肯定不是新设备，这种误差一定是运行了一段时间之后才有可能出现。轴承游隙过大等故障引起的定位误差也是可能的。要在润滑方面下功夫，不可不注意对机器人的润滑。机器人的润滑油开始氧化，颜色加深，变稠，这些都是润滑不到位的先兆，不可忽略机器人的润滑。

7）控制方法与控制系统的误差。这一类问题所产生的误差量是"天然"的误差。为了分析这类误差，尚需一些伺服系统和控制器软硬件的知识。一般来说，控制系统都是无差系统，但是误差仍然存在于检测装置无法检测的地区，或称为盲区。在这个区域内，传感器达不到所要求的精度。或者位置误差是由于控制方法出现误差而引起的。因为机器人无法形成一个闭环系统来进行控制，对位置的控制仍然是一个间接的控制方法，无法达到高精度。半闭环对过渡过程有好处，对于控制精度确实无法完全进行保证。

8）传感器引起的误差。在机器人中采用的传感器大多是位置传感器（大多数采用的是光电编码器或旋转变压器）和电流传感器，还有转子位置检测器。这些传感器中位置传感器可以直接影响定位精度，而其他一些传感器不会直接影响定位精度。日本的设备中位置传感器大多数采用光电编码器，而欧美的设备中位置传感器大多数以旋转变压器为主，有的公司也采用光电编码器。

思考与练习

1. 工业机器人的显著特点有哪些？
2. 工业机器人产业发展的三种不同模式是什么？
3. 国内外主要工业机器人生产厂商有哪些？
4. 简述工业机器人自由度的概念。
5. 在工业机器人中采用冗余自由度的好处是什么？
6. 影响工业机器人定位精度的主要因素有哪些？

第2章
工业机器人的本体结构

学习目标

1. 熟悉工业机器人的基本结构与特点。
2. 熟悉工业机器人直接传动结构的特点。
3. 熟悉工业机器人手腕后驱结构的特点。
4. 熟悉工业机器人连杆驱动结构的特点。
5. 熟悉典型工业机器人本体结构的相关知识。

本章以垂直串联型6轴工业机器人为例，分析了直接传动结构、手腕后驱结构、连杆驱动结构这三种典型工业机器人结构的特点，重点介绍了工业机器人基座、腰部、上臂、下臂和手腕的机械结构，使学生能够对工业机器人机械结构有深入理解。

2.1 工业机器人本体结构概述

2.1.1 基本结构与特点

工业机器人由本体、驱动系统和控制系统三个基本部分组成。本体即基座和执行机构，包括腰部、臂部、腕部和手部，有的机器人还有行走机构。大多数工业机器人有3~6个运动自由度，其中腕部通常有1~3个运动自由度。驱动系统包括动力装置和传动机构，用于使执行机构产生相应的动作。控制系统是按照输入的程序对驱动系统和执行机构发出指令信号，并进行控制。工业机器人形态各异，但其本体都是由若干关节和连杆通过不同的结构设计和机械连接所组成的机械装置。

垂直串联型工业机器人是工业机器人的典型结构，被广泛应用于码垛、搬运和焊接等工作领域。垂直串联型工业机器人结构复杂，维修、调整相对困难，本章以此为重点来介绍常用6轴工业机器人的结构。

图2-1所示为发那科工业机器人本体结构示意图，其他厂家的工业机器人结构类似，只不过每一个轴的名称有所不同。在图2-1中，工业机器人的运动主要包括整体回转（腰关节）、下臂摆动（肩关节）、上臂摆动（肘关节）及手腕运动（腕关节）。每一个关节都由一个伺服电动机驱动，通过同步带、RV减速器和谐波减速器等部件进行传动。在工业机器人上，几乎所有轴的伺服电动机都必须配套结构紧凑、传动效率高、减速比大、承载能力强的RV减速器或谐波减速器，以降低转速和提高输出转矩。

图2-1所示的工业机器人，其所有关节的伺服电动机、减速器等驱动部件都安装在各自的回转或摆动部位，除腕弯曲关节使用了同步带外，其他关节的驱动均无中间传动部件，称为直接传动结构，也称为前驱结构。直接传动的机器人，传动系统结构简单、层次清晰，各个关节无相互牵连，不但可以简化本体的机械结构、减少零部件、降低生产制造成本、方便

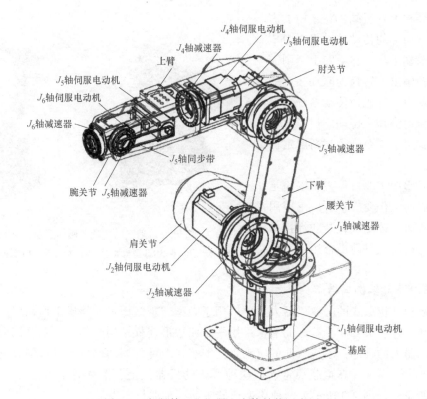

图 2-1 发那科工业机器人本体结构示意图

安装调试,而且可缩短中间传动部件间隙,因此,其精度高、刚性好,安装方便。此外,由于机器人的所有伺服电动机、减速器都安装在本体内部,机器人的外形简洁,整体防护性能好,安装运输也非常方便。

直接传动方式缺点也较为明显。由于需要将伺服电动机、减速器等部件安装在机器人的各个关节部位,必然要求上臂、手腕等部件具有足够的安装空间,从而导致这些部件的外形较大,质量较重,惯性增大,造成机器人整体重心偏高,加重了伺服电动机和减速器的负载,不利于高速运动。另外,要将伺服电动机和减速器安装在机器人上臂、手腕内部的狭小空间内,因此限制了电动机和减速器的规格选择,同时也会造成散热条件差和检测、维修、保养较困难。因此,直接传动方式一般用于承载能力为 10kg 以下、作业范围 1m 以内的小型、轻量级机器人。

2.1.2 手腕后驱结构与特点

手腕后驱结构中,驱动腕部回转、腕部弯曲和手部回转运动的伺服电动机全部安装在机器人上臂的后端,通过安装在上臂内部的传动轴,将动力传递至手腕前端。图 2-2 所示为安川公司生产的两种手腕后驱型工业机器人。手腕后驱结构很好地解决了伺服电动机和减速器安装空间小,散热条件差,检测、维修和保养困难等问题,提高了手腕运动的驱动力矩,而且还能使上臂的结构紧凑、整体重心后移(下移),改善上臂的作业灵活性和重力平衡性,使上臂运动更稳定。此外,由于伺服电动机后置,就机器人本身来说,手腕回转关节以后就无须进行电气连接,手腕回转轴理论上可以无限旋转。

但是,采用手腕后驱结构的机器人,由于驱动腕部回转、腕部弯曲和手部回转的伺服电动机均安装在上臂后端，在结构上需要通过上臂内部的传动轴，将动力依次传递至前端手腕。在手腕上，则需要将传动轴输出，转换为驱动相应关节运动的动力，其机械传动系统相对较复杂、传动链长、传动刚性相对较差，故不宜用于需要进行高精度定位的机器人。

手腕后驱型工业机器人可以满足大型、重载的工作要求，被广泛应用于加工、搬运、装配、包装和焊接等领域，也是机器人目前最常用的一种结构。

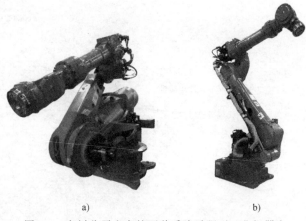

a)　　　　　　　　　　b)

图 2-2　安川公司生产的两种手腕后驱型工业机器人

a）安川 ES200RDⅡ型机器人　b）安川 MS210 型机器人

2.1.3　连杆驱动结构与特点

连杆驱动结构形式的工业机器人主要应用于大型、重载搬运和码垛工作领域。这种结构的机器人其上臂、下臂和手腕弯曲通常采用平行四边形连杆结构，其上、下臂摆动的驱动机构安装在机器人的腰部；手腕弯曲的驱动机构安装在上臂的摆动部位；全部伺服电动机和减速器均为外置。为了提高重载稳定性，这种形式的机器人上、下臂通常需要配置液压（或气动）平衡系统。图 2-3 所示为两种典型连杆驱动型工业机器人。

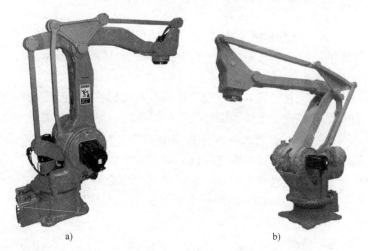

a)　　　　　　　　　　b)

图 2-3　两种典型连杆驱动型工业机器人

a）安川 MPK50 型机器人　b）安川 MPL160 型机器人

连杆驱动结构形式较好地解决了直接传动结构所存在的传动系统安装空间小、散热差，伺服电动机和减速器检测、维修及保养困难等问题。采用平行四边形连杆机构驱动，不仅可以加长上臂、下臂和手腕弯曲的驱动力臂，放大驱动力矩，同时，由于驱动机构安装位置下移，也可降低机器人重心，提高运动稳定性。

但是，连杆驱动结构形式的传动链长、传动间隙较大，定位精度较低，因此，适合于重载、定位精度要求不高的应用领域。

2.1.4 腕部结构与特点

机器人的腕部是臂部与末端执行器（手部或称为手爪）之间的连接部件，起支承手部和改变手部空间姿态的作用。对于一般的机器人，与手部相连接的腕部都具有独驱自转的功能，若腕部能在空间取任意方位，那么与之相连的手部就可在空间取任意姿态，即达到完全灵活。

从驱动方式看，腕部一般有两种形式，即直接驱动和后驱动。直接驱动是指驱动机构安装在腕部运动关节的附近直接驱动关节运动，因而传动路线短，传动刚度好，但腕部的尺寸和质量大，惯量大。后驱动方式的驱动机构安装在机器人的下臂、基座或上臂远端上，通过连杆、链条、传动轴或其他传动机构间接驱动腕部关节运动，因而腕部的结构紧凑，尺寸和质量小，对改善机器人的整体动态性能有好处，但传动设计稍复杂。

工业机器人一般需要 6 个自由度才能使手部达到目标位置并处于期望的姿态。为了使手部能处于空间任意位置，要求腕部能实现对空间 3 个坐标轴 X、Y、Z 的转动，即具有翻转（Roll）、俯仰（Pitch）和偏转（Yaw）3 个自由度，如图 2-4 所示。

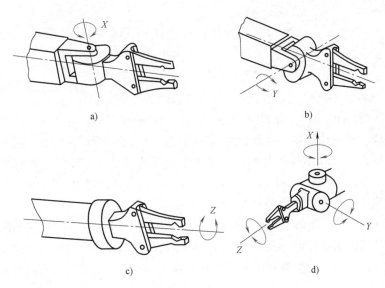

图 2-4 腕部的自由度
a) 偏转 b) 俯仰 c) 翻转 d) 腕部坐标系

按转动特点的不同，用于手腕关节的转动又可细分为回转和摆动两种。回转 R（Roll）关节运动就是能够在 4 象限进行 360°或接近 360°转动的关节运动。摆动 B（Bend）关节运动就是能在 3 象限进行 270°以下转动的关节运动。

手腕按照自由度个数可分为单自由度手腕、2 自由度手腕和 3 自由度手腕。腕部实际所需要的自由度数目应根据机器人的工作性能要求来确定。一些专用机械手甚至没有腕部，但有些腕部为了满足特殊要求还有横向移动自由度。单自由度手腕和 2 自由度手腕都可以从 3 自由度手腕结构简化而来，因此本节重点介绍 3 自由度手腕，如图 2-5 所示。

图 2-5a 所示为 BBR 结构，图 2-5b 所示为 BRR 结构。BBR 和 BRR 结构的手腕回转中心线相互垂直，并和三维空间的坐标轴一一对应，其操作简单、控制容易。但是这种结构的手腕外形通常较大、结构相对松散，因此多用于大型、重载的工业机器人。在机器人作业要求

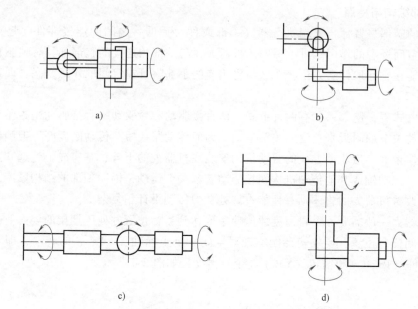

图 2-5　3 自由度手腕的结合方式示意图

a）BBR 型 3 自由度手腕结构　b）BRR 型 3 自由度手腕结构
c）RBR 型 3 自由度手腕结构　d）RRR 型 3 自由度手腕结构

固定时，BBR 结构的手腕也经常被简化为 BR 结构的 2 自由度手腕。

图 2-5c 所示为 RBR 结构。RBR 结构的手腕回转中心线同样相互垂直，并和三维空间的坐标轴一一对应，其操作简单、控制容易，且结构紧凑、动作灵活。它是目前工业机器人最为常用的手腕结构。RBR 结构手腕的回转伺服电动机基本上都安装在上臂后侧，但腕弯曲和手回转的电动机有直接驱动和后驱动两种安装形式。直接驱动结构多用于中小规格机器人，后驱动结构适合各种规格的机器人。

图 2-5d 所示为 RRR 结构。3R 结构的手腕多采用锥齿轮传动，3 个回转轴的回转范围通常不受限制，其结构紧凑、动作灵活，可最大限度地改变执行机构的姿态。但是，由于手腕上 3 个回转轴中心线相互不垂直，增加了控制的难度，因此，在通用工业机器人上使用相对较少。

2.2　MH6 工业机器人本体结构

2.2.1　MH6 工业机器人结构简述

安川 MH6 工业机器人是一种高生产率、多功能的 6 轴垂直串联多关节通用型工业机器人。它适用于 DX100、NX100、FS100 控制柜，节省空间，负载为 6kg，动态范围为 1422mm，主要用于搬运、弧焊、组装和分装等工作。MH6 工业机器人实物如图 2-6 所示。MH6 工业机器人各轴如图 2-7 所示。

MH6 工业机器人本体结构简图如图 2-8 所示，主要分为机身和手腕两个部分。机器人的机身由基座及腰部、下臂、上臂 3 个关节构成。基座是整个机器人的支承部分，用于机器人的安装和固定；腰部、下臂和上臂组成了机器人的定位机构，主要用来控制手腕基准点的移动和定位。MH6 工业机器人的腰回转（S 轴）由腰部回转电动机 9 通过 RV 减速器驱动；下臂摆动（L 轴）由下臂摆动电动机 8 通过 RV 减速器驱动；上臂摆动（U 轴）由上臂摆动电动机 7 通过 RV 减速器驱动。

图 2-6　MH6 工业机器人实物

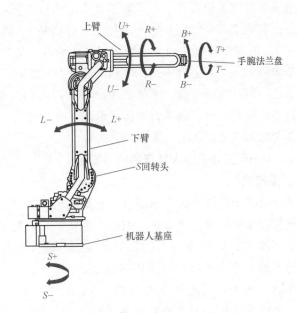

图 2-7　MH6 工业机器人各轴

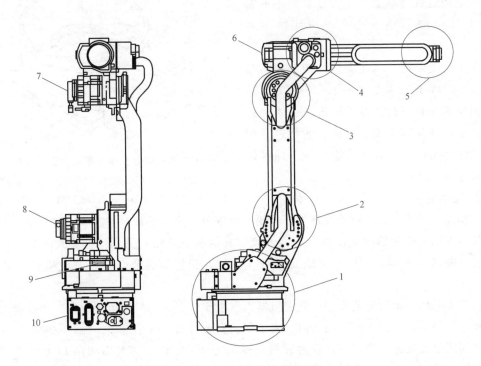

图 2-8　MH6 工业机器人本体结构简图

1—基座及腰部回转　2—下臂摆动　3—上臂摆动　4—腕部回转　5—腕部弯曲及手部回转
6—腕部回转电动机　7—上臂摆动电动机　8—下臂摆动电动机　9—腰部回转电动机　10—电气连接板

MH6 工业机器人手腕包括手部和腕部。手部用来安装末端执行器（工具），腕部用来连接手部和上臂。手腕的主要作用是用来改变末端执行器的姿态（作业方向），它是决定机器人作业灵活性的关键部件。为了能够对末端执行器进行 6 自由度的完全控制，MH6 工业机器人的手腕有腕部回转（R 轴，又称为上臂回转）、腕部弯曲（B 轴）和手部回转（T 轴）3 个关节。腕部回转（R 轴）由腕部回转电动机 6 通过谐波减速器驱动；腕部弯曲（B 轴）的伺服电动机安装在上臂内部，电动机通过右侧的同步带，将动力传递至腕弯曲关节的谐波减速器上，驱动腕部弯曲；手部回转（T 轴）的伺服电动机同样安装在上臂内部，电动机先通过左侧的同步带，将动力传递至腕部弯曲关节上，然后再利用锥齿轮，将动力从腕部传送到手部的谐波减速器上，驱动手部回转。

2.2.2　MH6 工业机器人基座结构与安装

1. 基座结构

基座是整个机器人的支承部分。它既是机器人的安装和固定部分，也是机器人电线电缆、气管和油管输入连接部分。MH6 工业机器人的基座结构如图 2-9 所示。

基座体 1 的底部为机器人安装固定板。基座体 1 内侧上方的凸台用来固定腰部回转轴（S 轴）的 RV 减速器 2 的针轮，RV 减速器 2 的输出轴用来安装腰体。基座体 1 的后侧面安装有机器人的电线电缆、气管和油管连接用的管线连接盒 7，连接盒的正面布置有电线电缆插座、气管和油管接头连接板。

为了简化结构、方便安装，腰部回转轴（S 轴）的 RV 减速器 2 采用了针轮固定、输出轴回转的安装方式，由于针轮（壳体）被固定安装在基座体 1 上，因此，实际进行回转运动的是 RV 减速器 2 的输出轴，即腰体和伺服电动机部件。

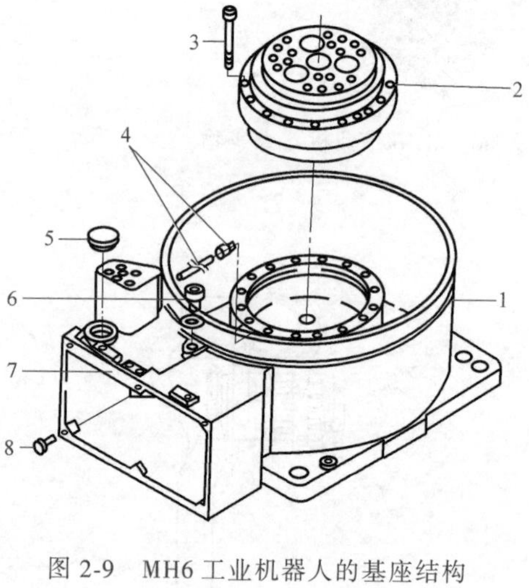

图 2-9　MH6 工业机器人的基座结构

1—基座体　2—RV 减速器　3—螺钉　4—润滑管

5—盖　6—螺钉　7—管线连接盒　8—螺钉

2. 地面安装

机器人的安装对其功能的发挥十分重要，特别值得注意的是：基座的固定和地基要能够承受机器人加减速时的动载荷以及机器人和夹具的静态重量。另外，机器人的安装面不平时，有可能发生机器人变形，性能受影响。机器人安装面的平面度误差应确保在 0.5mm 以下。

机器人基座底部的安装孔用来固定机器人。由于机器人的工作范围较大，但基座的安装面较小，当机器人直接安装于地基时，为了保证安装稳固，减小地面压强，一般需要在地基和基座间用过渡板进行连接。推荐过渡板的厚度为 40mm 以上，选用 M16 以上的地脚螺栓把过渡板固定在地面上。机器人的基座应通过其上 4 个安装孔用 M16 六角头螺栓（推荐长度为 60mm）牢固固定在过渡板上，为使六角头螺栓和地脚螺栓在设备运行中不发生松动，请按图 2-10 所示的方法充分固定。

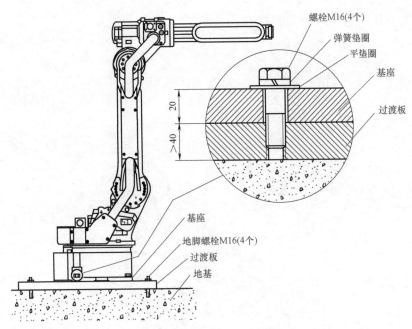

图 2-10 机器人地面安装

3. 倒置和壁挂式安装

机器人在壁挂式安装时，其 S 轴工作范围为 ±30°（出厂前进行修改）。倒置和壁挂式安装时，机器人基座必须使用 4 个 M16 内六角头螺栓（性能等级 12.9）用 206N·m 力矩扭紧固定。倒置和壁挂式安装时，为以防万一，在机器人基座上要安装防坠落架，如图 2-11 所示。

2.2.3 MH6 工业机器人腰部结构

腰部是连接基座和下臂的中间体。腰部可以连同下臂及后端部件在基座上回转，以改变整个机器人的作业面方向。腰部是机器人的关键部件，其结构刚性、回转范围和定位精度等都直接决定了机器人的技术性能。

MH6 工业机器人腰部（S 轴）传动系统结构如图 2-12 所示。腰部回转的 S 轴伺服电动机 1 安装在电动机座 4 上，电动机轴直接与 RV 减速器的输入轴连接。RV 减

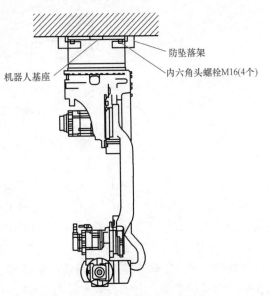

图 2-11 机器人倒置式安装

速器的针轮（壳体）固定在基座上，电动机座 4 和腰体 6 安装在 RV 减速器的输出轴上，因此，当伺服电动机 1 旋转时，减速器的输出轴将带动腰体 6 在基座上回转。

2.2.4 MH6 工业机器人下臂结构

下臂是连接腰部和上臂的中间体，下臂可以连同上臂及后端部件在腰上摆动，以改变参

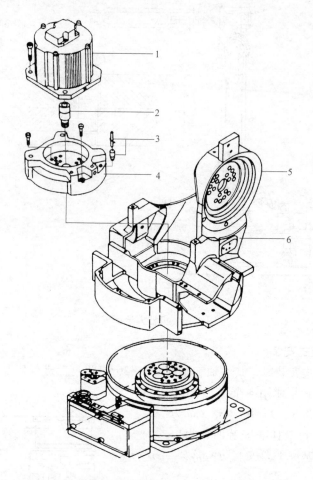

图 2-12 MH6 工业机器人腰部（S 轴）传动系统结构
1—伺服电动机 2—减速器输入轴 3—润滑管
4—电动机座 5—下臂安装端面 6—腰体

考点的前后及上下位置。MH6 工业机器人下臂（L 轴）传动系统结构简图如图 2-13 所示。下臂体 18 的下端形状类似端盖，它用来连接 RV 减速器 11 的针轮（壳体）；下臂体 18 的上端类似法兰盖，它用来连接上臂回转驱动的 RV 减速器输出轴；下臂体 18 中间部分的截面为 U 形，内腔用来安装线缆管，然后通过盖板 15 进行封闭。

下臂摆动的 RV 减速器 11 采用输出轴固定、针轮回转的安装方式。L 轴伺服电动机 1 安装在腰体突耳的左侧，电动机轴直接与 RV 减速器 11 的减速器输入轴 3 连接；RV 减速器 11 的输出轴通过螺钉 8 固定在腰体上，针轮通过螺钉 13 连接下臂。当伺服电动机 1 旋转时，RV 减速器 11 将带动下臂在腰体上摆动。

2.2.5 MH6 工业机器人上臂结构

上臂是连接下臂和手腕的中间体，上臂可以连同手腕及后端部件在上臂上摆动，以改变参考点的上下及前后位置。

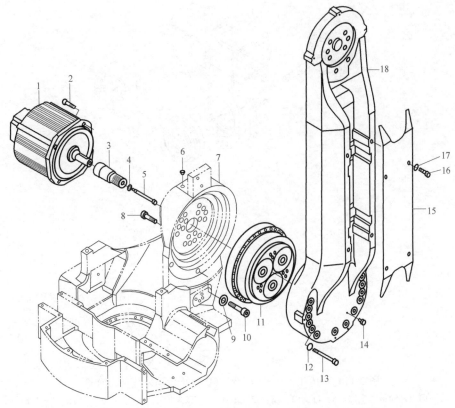

图 2-13　MH6 工业机器人下臂（L 轴）传动系统结构简图

1—伺服电动机　2、5、8、10、13、14、16—螺钉　3—减速器输入轴　4—弹簧垫圈　6—堵塞

7—下臂安装端面　9—垫圈　11—RV 减速器　12—弹簧垫圈　15—盖板　17—垫圈　18—下臂体

MH6 工业机器人上臂（U 轴）传动系统结构简图如图 2-14 所示。上臂体 17 的结构为箱体结构，内腔用来安装手腕回转的 R 轴伺服电动机及减速器。上臂摆动的 U 轴伺服电动机 1 安装在上臂体 17 的左下方，利用螺钉 2 将伺服电动机 1 安装于上臂体 17，电动机轴直接与 RV 减速器 9 的减速器输入轴 3 连接。RV 减速器 9 安装在上臂体 17 右下方的内侧，RV 减速器 9 的针轮（壳体）利用螺钉 6 和 13 与上臂体 17 连接。输出轴通过螺钉 12 连接下臂体 10。伺服电动机 1 旋转时，上臂及电动机可绕下臂摆动。部件 8 为堵塞，在给 RV 减速器 9 注入油脂时，要将堵塞 8 取下，否则注油时油脂会侵入电动机，引起故障。部件 16 为上臂体的盖板，用于密封。

2.2.6　MH6 工业机器人手腕结构

1. 手腕总体结构

MH6 工业机器人的手腕由腕部和手部组成。腕部用来连接上臂和手部，手部用来安装末端执行器。手腕运动分为腕部回转 R 轴运动，腕部弯曲 B 轴运动和手部回转 T 轴运动。MH6 工业机器人的手腕采用 RBR 结构，腕部弯曲 B 轴和手部回转 T 轴的伺服电动机都安装在手腕回转体上，电动机通过同步带、锥齿轮、减速器等传动部件，将动力传递至腕部弯曲的摆动体及末端执行的安装法兰上，其结构紧凑、传动链短。MH6 工业机器人手腕结构图如图 2-15 所示。

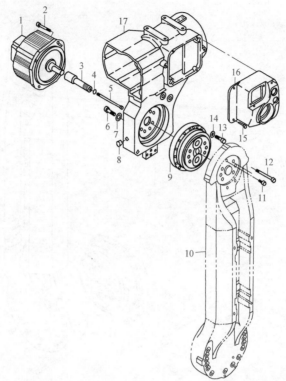

图 2-14　MH6 工业机器人上臂（U 轴）传动系统结构简图

1—伺服电动机　2、5、6、11、12、13、15—螺钉　3—减速器输入轴　4—弹簧垫圈　7—垫圈

8—堵塞　9—RV 减速器　10—下臂体　14—垫圈　16—盖板　17—上臂体

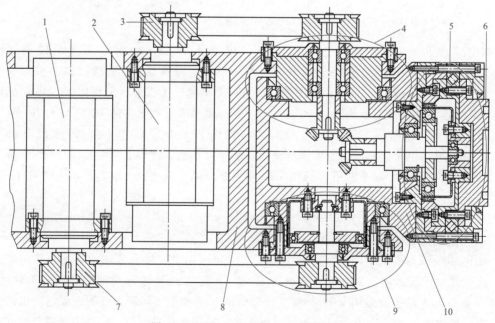

图 2-15　MH6 工业机器人手腕结构图

1—B 轴伺服电动机　2—T 轴伺服电动机　3—T 轴同步带轮　4—B 轴支承及 T 轴传动部件　5—T 轴减速器

6—安装法兰　7—B 轴同步带轮　8—手腕回转体　9—B 轴减速器　10—B 轴摆动体

图 2-16 所示为 MH6 工业机器人末端执行器安装法兰结构简图。安装前端工具时，推荐使用法兰盘的内孔进行定位。使用内孔和外孔定位时，配合深度不要超过 5mm。法兰的凸缘直径为 φ50mm，高 6mm；中间有一直径 φ25mm、深 6mm 的内孔；法兰端面布置有 1 个直径 φ6mm、深 6mm 的定位孔和 4 个 M6、深 9mm 的安装螺孔。

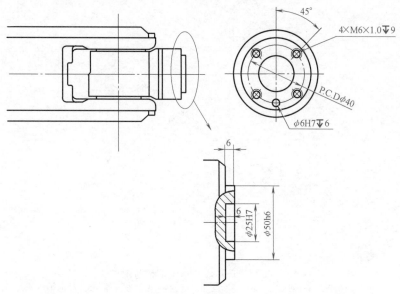

图 2-16　MH6 工业机器人末端执行器安装法兰结构简图

2. 腕部回转 R 轴结构

腕部回转 R 轴采用的是谐波减速器驱动。R 轴伺服电动机、减速器和过渡轴等传动部件均安装在上臂的内腔中，腕部回转体安装在上臂的前端，减速器输出和腕部回转体之间通过过渡轴进行连接，因此，腕部回转体可起到延长上臂的作用。R 轴伺服电动机的电缆从右侧线缆管进入内腔，电动机后侧安装有防护罩。

R 轴传动系统结构简图如图 2-17 所示。谐波减速器 4 的刚轮和电动机座 3 固定在上臂体 7 的内壁中；R 轴伺服电动机 2 的输出轴和谐波减速器 4 的波发生器连接；谐波减速器 4 的柔轮输出和过渡轴 6 连接。过渡轴 6 是连接谐波减速器 4 和腕部回转体 9 的中间轴，它安装在上臂体 7 内部，可在上臂体内回转。过渡轴 6 的前端面安装有交叉滚子轴承 8（CRB）；后端面与谐波减速器 4 的柔轮连接。过渡轴 6 的后支承为径向轴承 5，轴承的外圈安装于上臂体 7 的内侧；内圈与过渡轴 6 的后端配合。过渡轴 6 的前支承采用了可同时承受径向和轴向载荷的交叉滚子轴承 8，轴承的外圈固定在上臂前端面上，作为回转支承；内圈与过渡轴 6、腕部回转体 9 连接，它们可在减速器输出的驱动下回转。

3. 腕部弯曲 B 轴结构

MH6 工业机器人的手腕采用的是直接传动的前驱结构，其腕部弯曲 B 轴和手部回转 T 轴的伺服电动机均安装在腕部回转体上。B 轴传动系统结构简图如图 2-18 所示。B 轴伺服电动机 3 安装在腕部回转体 2 的左后部，伺服电动机 3 通过同步带 23 与安装在手腕前端的谐波减速器 11 的输入轴连接，谐波减速器 11 的柔轮输出连接摆动体 7。

安装在腕部回转体 2 右前侧的谐波减速器 11 的刚轮和安装在左前侧的支承体 5 是摆动

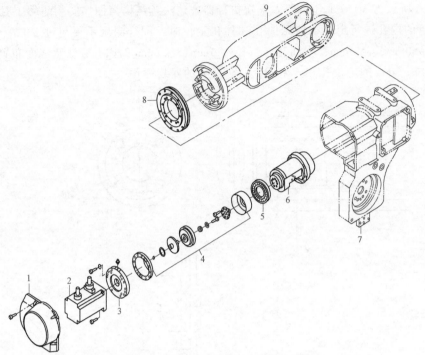

图 2-17　R 轴传动系统结构简图

1—防护罩　2—伺服电动机　3—电动机座　4—谐波减速器　5—径向轴承
6—过渡轴　7—上臂体　8—交叉滚子轴承　9—腕部回转体

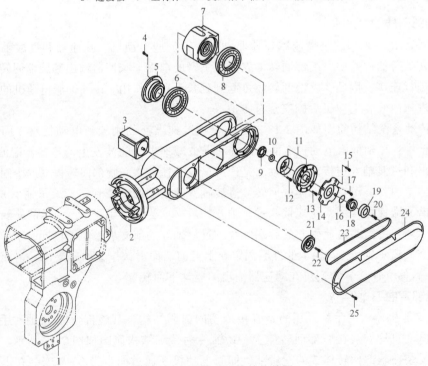

图 2-18　B 轴传动系统结构简图

1—上臂体　2—腕部回转体　3—伺服电动机　4、12、13、15、17、20、22、25—螺钉
5—支承体　6、8、10、18—轴承　7—摆动体　9—连接板　11—谐波减速器
14—侧端盖　16—卡簧　19、21—同步带轮　23—同步带　24—防护罩

体 7 摆动回转的支承，它们分别用来安装轴承 6、8 的内圈；轴承 6、8 的外圈和摆动体 7 连接，可随摆动体 7 回转。摆动体 7 的回转驱动力来自右前侧谐波减速器 11 的柔轮输出，谐波减速器 11 的柔轮与摆动体 7 之间利用螺钉 12 固定。因此，当伺服电动机 3 旋转时，将通过同步带 23 带动谐波减速器 11 的波发生器旋转，谐波减速器 11 的柔轮输出将带动摆动体 7 摆动。

4. 手部回转 T 轴结构

MH6 工业机器人手部回转 T 轴传动系统主要由安装在腕部回转体上的中间传动部分和安装在摆动体上的回转减速部分组成。手部回转运动过程可简单概括为：T 轴驱动伺服电动机通过同步带将动力传递到锥齿轮上，然后通过锥齿轮换向后，将动力输入给谐波减速器，经减速后驱动机器人手部回转。T 轴传动系统结构简图如图 2-19 所示。

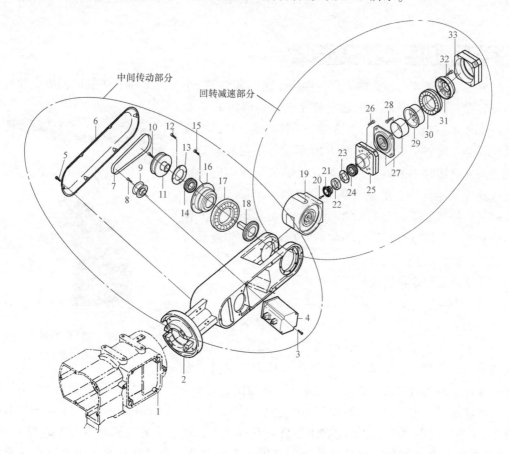

图 2-19　T 轴传动系统结构简图

1—上臂体　2—腕部回转体　3、5、8、10、12、15、20、26、28、32—螺钉　4—伺服电动机　6—防护罩
7—同步带　9、11—同步带轮　13—侧端盖　14、17、24、30—轴承　16—支承体　18、21—锥齿轮
19—摆动体　22—螺母　23—前端盖　25—壳体　27—谐波减速器　29—轴套　31—法兰盘　33—密封端盖

中间传动部分均安装在腕部回转体 2 上。手部回转 T 轴的伺服电动机 4 安装在腕部回转体 2 的中间，伺服电动机 4 通过同步带 7 将动力传递至腕部回转体 2 的左前侧。安装在腕部回转体 2 左前侧的支承体 16 为中空结构，其外圈作为腕部弯曲 B 轴的支承，其内圈安装有

手部回转 T 轴的中间传动轴。中间传动轴的外侧安装有与伺服电动机 4 连接的同步带轮 11，内侧安装有锥齿轮 18。锥齿轮 18 的倾斜角为 45°，它和安装在摆动体 19 上的另一倾斜角为 45° 的锥齿轮 21 配合后，不仅可实现传动方向的 90° 变换，将动力传递到摆动体 19 上，而且也能保证摆动体 19 为不同角度时的齿轮可靠啮合。

回转减速部分均安装在摆动体 19 上。T 轴回转减速传动轴通过锥齿轮 21 与中间传动轴的输出锥齿轮 18 啮合。锥齿轮 21 与谐波减速器 27 的波发生器连接。谐波减速器 27 等主要传动部件安装在由壳体 25、密封端盖 33 所组成的封闭空间内，壳体 25 通过螺钉 26 与摆动体 19 直接连接。谐波减速器 27 的柔轮通过轴套 29、连接轴承 30（CRB）的内圈及末端执行器安装法兰盘 31；谐波减速器 27 的刚轮和轴承 30（CRB）的外圈固定在壳体 25 上。谐波减速器 27、轴套 29、轴承 30、末端执行器安装法兰盘 31 的外部用密封端盖 33 封闭，并和摆动体 19 连为一体。

2.3　手腕后驱型工业机器人结构

手腕后驱型工业机器人的上臂为中空结构，其 U 轴、R 轴、B 轴和 T 轴的伺服电动机通常都安装在上臂后端，通过嵌套安装在上臂内部的 R 传动轴、B 传动轴、T 传动轴将动力传递到手腕前端，从而实现末端执行器空间姿态的改变。图 2-20 所示为手腕后驱型工业机器人外观图。手腕后驱结构很好地解决了驱动电动机和减速器安装空间小，散热条件差，检测、维修、保养困难等问题，提高了手腕运动的驱动力矩，而且还能使上臂的结构紧凑、整体重心后移（下移），改善上臂的作业灵活性和重力平衡性，使上臂运动更稳定。但是它也存在结构复杂、传动链长、定位精度低等缺点。

图 2-20　手腕后驱型工业机器人外观图

2.3.1　上臂结构

图 2-21 所示为上臂安装结构简图。上臂体 6 后端通过法兰盘与上下臂连接体 8 固定，前端与 R 轴减速器 7 连接，该减速器为中空型，B 轴和 T 轴的传动轴从中间穿过。上下臂连接体 8 通过后端法兰盘与下臂体 1 连接固定，前端安装有上臂伺服电动机 5，上臂伺服电动机 5 将动力传递给上臂减速器 10，实现上臂的摆动。R 轴伺服电动机 2、B 轴伺服电动机 3、T 轴伺服电动机 4 也固定在上下臂连接体 8 上，通过齿轮或同步带等方式与 R 轴、B 轴、T 轴的传动轴连接，将动力传递到机器人手腕关节。密封环 9 的作用是防止油脂泄露，污染环境。

图 2-22 所示为手腕 3 个传动轴在上臂中布置示意图。上臂为中空结构，在它的空腔中穿过 3 个传动轴，分别是 R 轴 6、B 轴 7 和 T 轴 8，其中 R 轴 6 和 B 轴 7 为中空结构。上臂后端安装有 3 台伺服电动机，分别是 R 轴伺服电动机 1、B 轴伺服电动机 3 和 T 轴伺服电动机 2。3 台伺服电动机通过齿轮 9、4 与 12 分别与齿轮 5、10、11 相啮合，把伺服电动机的转矩分别传给 R 轴 6、B 轴 7 和 T 轴 8。

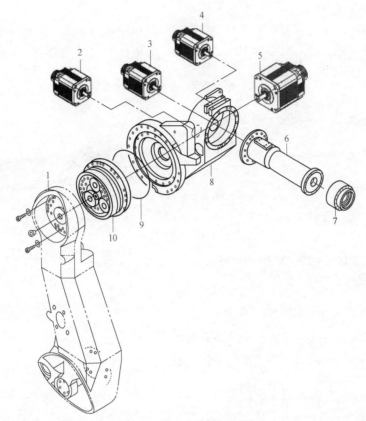

图 2-21 上臂安装结构简图

1—下臂体　2—R 轴伺服电动机　3—B 轴伺服电动机　4—T 轴伺服电动机　5—上臂伺服电动机　6—上臂体

7—R 轴减速器　8—上下臂连接体　9—密封环　10—上臂减速器

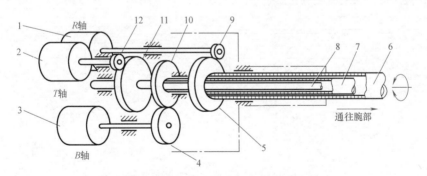

图 2-22　手腕 3 个传动轴在上臂中布置示意图

1—R 轴伺服电动机　2—T 轴伺服电动机　3—B 轴伺服电动机　4、5、9、10、11、12—齿轮

6—R 轴　7—B 轴　8—T 轴

注：点画线右侧为上下臂连接体，左侧为上臂体。

上臂后端安装的 3 台伺服电动机分别与 R、B、T 传动轴相连接。连接方式可以采用齿轮啮合，也可以采用同步带相连。用齿轮直接连接安装精度要求比较高，如果齿轮不能正确啮合会出现噪声。因此，制造精度也就高了，调整的机构也比较复杂，但所占空间相对来说较小。同步带连接最大的好处就是安装方便，不会传递振动，噪声也小，但是同步带的张紧装置要复杂一些。

手腕后驱结构的工业机器人上臂的一般组成结构如图 2-23 所示，3 根同步带均与 3 台交流伺服电动机的带轮相连。图 2-24 所示为 R 轴三维结构图。图 2-25 所示为 B 轴三维结构图。图 2-26 所示为 T 轴三维结构图。

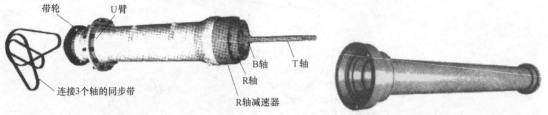

图 2-23　上臂的一般组成结构

图 2-24　R 轴三维结构图

图 2-25　B 轴三维结构图

图 2-26　T 轴三维结构图

上臂内部的传动系统典型结构如图 2-27 所示。

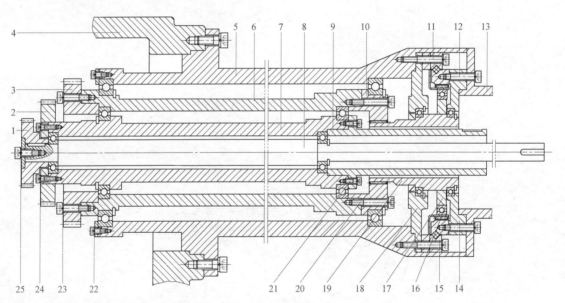

图 2-27　上臂内部的传动系统典型结构

1—T 轴同步带轮　2—B 轴同步带轮　3—R 轴同步带轮　4—上下臂连接体　5—上臂体　6—R 轴
7—B 轴　8—T 轴　9—B 轴延伸轴　10—R 轴花键　11、12、20、21、22、23、24、25—螺钉
13—手腕体　14—外端盖　15—CRB 轴承　16—柔轮　17—波发生器　18—端盖　19—输入轴

上臂体 5 的后端通过螺钉与上下臂连接体 4 固定，同时为 R、B、T 轴提供后支承。R 轴 6、B 轴 7 和 T 轴 8 穿过上臂体 5，在 3 个轴的后端安装有 3 个同步带轮，分别是 R 轴同步带轮 3、B 轴同步带轮 2 和 T 轴同步带轮 1，3 台伺服电动机通过同步带将动力输出给 R 轴、B 轴和 T 轴。为了缩小体积、提高精度，可以采用齿轮传动方式，也可以将 T 轴直接与

T 轴伺服电动机相连接。

上臂体 5 的内腔由内向外，依次为手部回转轴（T 轴 8）、腕部弯曲轴（B 轴 7）、腕部回转轴（R 轴 6）。其中，手部回转轴（T 轴 8）一般为整体实心轴，其需要穿越上臂体、R 轴减速器及手腕体，直接与手腕体最前端的锥齿轮连接。腕部弯曲轴（B 轴 7）、腕部回转轴（R 轴 6）为中空轴，R 轴内侧套 B 轴，B 轴内侧套 T 轴。

R 轴 6 通过前端 R 轴花键 10 与安装在上臂前法兰的 R 轴减速器输入轴连接，R 轴 6 的前后支承轴承分别安装在轴后端及前端的 R 轴花键 10 上，R 轴花键 10 和 R 轴 6 间通过端面法兰和螺钉固定。当 R 轴 6 前端采用 R 轴花键 10 连接时，减速器的输入轴应为带外花键的中空轴。但是，由于不同机器人使用的减速器型号、规格有所不同，R 轴减速器的安装及连接形式稍有区别。为了简化结构，R 轴减速器输入轴和 R 轴间也可直接使用带键的轴套，用键进行连接。

B 轴 7 的前端连接有一段 B 轴延伸轴 9，B 轴延伸轴 9 用来连接上臂体内部 B 轴 7 和手腕体 13 内部的连接套。B 轴延伸轴 9 和 B 轴 7 之间通过端面法兰和螺钉连接成一体；前后支承轴承均安装在 B 轴 7 的外侧。

T 轴 8 直接穿越 B 轴 7 及手腕体 13，与最前端的 T 轴锥齿轮连接。T 轴 8 的前后支承轴承分别布置于 B 轴 7 的前后端。

2.3.2 手腕结构

手腕后驱结构的机器人，其手腕结构如图 2-28 所示，一般由手腕体 1、B 轴减速摆动组件 5、T 轴中间传动组件 2、T 轴减速输出组件 3 和摆动体 4 组成。图 2-28 中的手腕体 1 为中空结构，B 轴和 T 轴可以从中间穿过，手腕体 1 与上臂前端的 R 轴减速器连接，R 轴伺服电动机转动将带动手腕体 1 实现回转运动。B 轴减速摆动组件 5 中包含有锥齿轮和谐波减速器，B 轴传动轴转动将动力通过锥齿轮输入给谐波减速器，谐波减速器的输出轴带动摆动体 4 实现腕部弯曲动作。T 轴中间传动组件 2 包含两对锥齿轮和一对同步带轮，实现 T 轴运动的传递。T 轴减速输出组件 3 主要为谐波减速器结构，谐波减速器的输出轴与机器人手部法兰盘连接，最终实现手部的回转运动。后驱机器人的手腕传动系统典型结构如图 2-29 所示。

图 2-28　手腕结构
1—手腕体　2—T 轴中间传动组件
3—T 轴减速输出组件
4—摆动体　5—B 轴减速摆动组件

手腕单元由手腕体、摆动体、B/T 传动轴组件、B 轴减速摆动组件、T 轴中间传动组件以及 T 轴减速输出组件等部件组成。图 2-29 中的手腕体 1 是手腕单元的安装部件，它与上臂前端的 R 轴减速器输出轴连接，可带动整个手腕单元实现 R 轴回转运动。B/T 传动轴组件 4 是连接 B/T 输入轴和摆动体、变换转向的部件，它安装在手腕体 1 的内腔；组件的前端以手腕体 1 内孔定位、后端通过定位法兰固定，安装、维修时组件可整体从手腕体后端装卸。B 轴减速摆动组件 5 为带固定臂和辅助臂的 U 形箱体，固定臂上安装有减速器，辅助臂上安装有 B 轴辅助支承轴承；取下谐波减速器和辅助臂的连接螺钉后，即可使摆动体、手腕体分离。T 轴中间传动组件 6 由两对锥齿轮和同步带组成，同步带轮通过定位法兰整体安装到手腕体和摆动体上。T 轴减速输出组件 7 带有工具安装法兰，它安装在摆动体箱体前端，取下工具安装法兰和防护罩后便可与摆动体 8 分离。

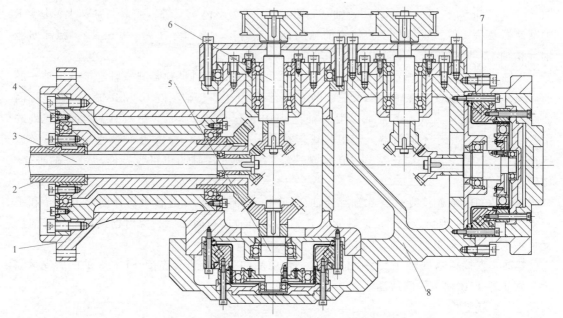

图 2-29　后驱机器人的手腕传动系统典型结构

1—手腕体　2—B 轴输入轴　3—T 轴输入轴　4—B/T 传动轴组件

5—B 轴减速摆动组件　6—T 轴中间传动组件　7—T 轴减速输出组件　8—摆动体

1. B/T 传动轴组件

B/T 传动轴组件的结构如图 2-30 所示。

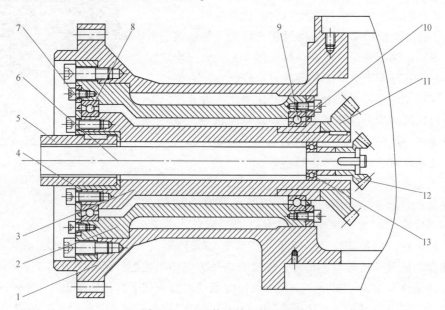

图 2-30　B/T 传动轴组件的结构

1—手腕体　2—外套　3—内套　4—连接套　5—B 轴输入轴　6—T 轴输入轴

7、10—压紧圈　8、9、13—轴承　11、12—锥齿轮

B/T 传动轴组件的主要设计特点是：它采用了中空内外套结构，通过外套 2 的设计，不仅使组件能够整体装拆，且有效解决了 B/T 传动轴组件前端的安装孔加工及锥齿轮的安装、调整等加工制造上的实际问题。

组件的内套 3 用于 B/T 轴传动。B 传动轴由内套 3、连接套 4、锥齿轮 11 及连接件组成，并通过前后支承轴承 8、9 和外套 2 内孔配合。连接套 4 一方面可通过键与 B 轴输入轴 5 连接，带动内套 3 及锥齿轮 11 旋转，同时也是轴承 8 的外圈固定件；锥齿轮 11 和内套 3 利用键和锁紧螺母连为一体，轴承 9 安装在锥齿轮上。为了使内套 3 能同时承受径向和轴向载荷，并避免热变形引起的轴向过盈，前、后支承轴承采用的是背对背组合的角接触球轴承。B 轴输入轴 5 旋转将带动锥齿轮 11 旋转，进而带动 B 轴谐波减速器的输入轴旋转，实现了 B 轴传动和转向变换的功能。

T 传动轴就是来自上臂的 T 轴输入轴 6，其支承轴承 13 直接用锥齿轮 12 锁紧，并用内套 3 的内孔进行径向固定、轴向浮动定位；锥齿轮 12 通过键和中心螺钉固定在 T 轴输入轴 6 上。T 轴输入轴 6 旋转将带动锥齿轮 12 旋转，然后通过 T 轴中间传动组件带动 T 轴谐波减速器输入轴旋转，以实现 T 轴传动和转向变换功能。

2. B 轴减速摆动组件

B 轴减速摆动组件是一个以手腕体为支承、可摆动的 U 形箱体。B 轴减速摆动组件的结构如图 2-31 所示。

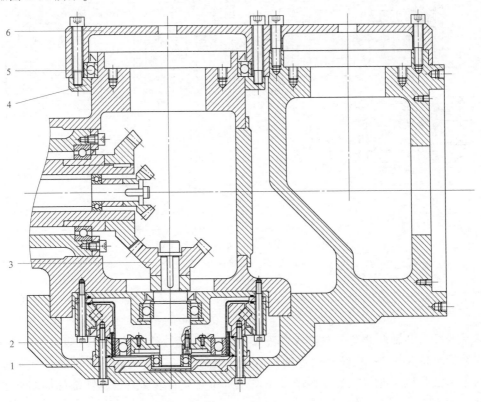

图 2-31　B 轴减速摆动组件的结构

1—摆动体　2—谐波减速器　3—输入锥齿轮　4—压紧圈　5—轴承　6—辅助臂

　　摆动体 1 的减速直接通过谐波减速器 2 实现。减速器的壳体固定在手腕体上；输入锥齿轮 3 直接利用减速器输入轴的键和中心螺孔固定；摆动体 1 通过谐波减速器输出轴的定位法兰连接。当 B 轴输入轴旋转时，B/T 传动轴组件上的 B 轴锥齿轮将带动谐波减速器的输入锥齿轮 3 旋转，减速器减速后的输出轴可驱动 U 形箱体低速摆动。由于减速器壳体和输出轴间采用了可同时承受径向和轴向载荷的轴承支承，摆动体的另一侧通过辅助臂 6 上的轴承 5 辅助支承，故 B 轴传动可靠。

3. T 轴中间传动组件

　　T 轴中间传动组件的结构如图 2-32 所示。它由同步带连接的两组结构相同的过渡轴部件组成，其作用是将 T 轴输入轴的动力传递到 T 轴谐波减速器上。第 1 组过渡轴部件固定在手腕体上，其锥齿轮 1 和 T 轴输入轴的锥齿轮啮合后，可将 T 轴动力从手腕体上引出，通过同步带 8 再将 T 轴动力引入到摆动体箱体内，其锥齿轮和 T 轴谐波减速器输入轴上的锥齿轮啮合后，可驱动手部回转。

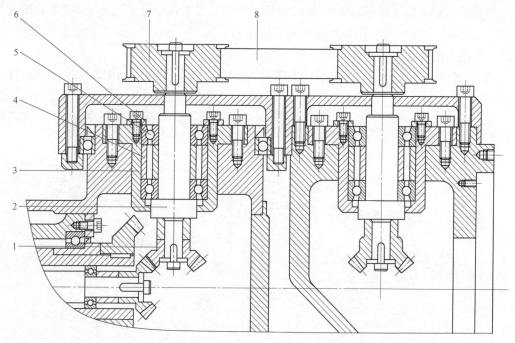

图 2-32　T 轴中间传动组件的结构

1—锥齿轮　2—轴　3—支承座　4—隔套　5—轴承　6—压紧圈　7—同步带轮　8—同步带

　　第 1 组过渡轴部件由轴 2、支承座 3、隔套 4、轴承 5 及压紧圈 6 组成。支承座 3 加工有定位法兰，可直接安装到手腕体上；轴 2 安装在支承座 3 内，它通过轴承 5 前后支承，以同时承受径向和轴向载荷，并避免热变形引起的轴向过盈。轴 2 的内侧安装锥齿轮 1，外侧安装同步带轮 7，锥齿轮和同步带轮均通过键和中心螺钉固定。过渡轴部件可利用支承座的定位法兰整体拆装，装配维修时无须分离和调整。第 2 组过渡轴部件的结构和第 1 组相似。

4. T 轴减速输出组件

　　T 轴减速输出组件的结构如图 2-33 所示。

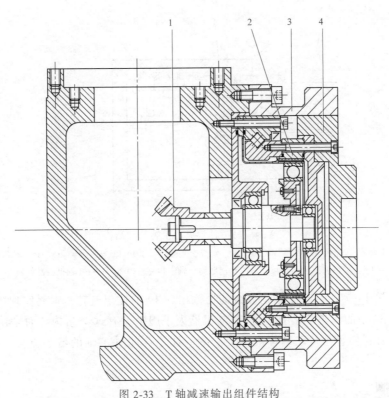

图 2-33 T 轴减速输出组件结构

1—输入锥齿轮　2—谐波减速器　3—防护罩　4—工具安装法兰

此部分固定在摆动体前端，用来实现 T 轴回转减速和末端执行器安装。组件的拆装简单方便，除减速器外，传动部件无其他传动间隙。T 轴减速器同样采用谐波减速器。谐波减速器 2 的输入轴上安装输入锥齿轮 1，输出轴连接工具安装法兰 4，壳体固定在摆动体上，外部用防护罩 3 密封与保护。工具安装法兰 4 上设计有标准的中心孔、定位法兰和定位孔、固定螺孔，可直接安装机器人的末端执行器。当减速器输入轴在输入锥齿轮 1 带动下旋转时，输出轴可直接驱动工具安装法兰 4 及末端执行器实现手部回转。

2.3.3　其他典型结构

图 2-34 所示为另外一种常见的手腕传动结构。在图 2-34 中，B 轴输入轴从手腕体中间穿过，末端安装有锥齿轮 19。锥齿轮 19 与锥齿轮 18 相啮合，改变了转轴的方向，再把锥齿轮 18 的输出送到 B 轴谐波减速器 17 的输入中去，由 B 轴谐波减速器 17 带动摆动体 14 摆动，从而实现腕部的弯曲动作。

T 轴输入轴从 B 轴输入轴中间穿过，在它的末端上面安装一个锥齿轮 15，锥齿轮 15 与锥齿轮 16 相啮合，两个锥齿轮相啮合是为了改变旋转轴的方向。与锥齿轮 16 同轴有一个直（或斜）齿轮 4，齿轮 4 不随摆动体 14 摆动，它的轴 3 通过轴承 2 固定在手腕体上。与齿轮 4 相啮合的是齿轮 7，这个齿轮显然是一个惰轮，对系统的传动比没有任何影响，但对转动的方向有影响。齿轮 7 安装在轴 6 上，轴 6 随着惰轮一起摆动，因此轴 6 和轴承 5 应该安装在摆动体 14 上。当 B 轴谐波减速器 17 的输出轴带动摆动体 14 摆动时，惰轮的轴 6 也随着摆动，因此引起齿轮 7（惰轮）在齿轮 4 上面转动。齿轮 7（惰轮）绕轴 6 旋转，从而带动齿轮 9 旋转，锥齿轮 10 也会旋转，带动锥齿轮 13 旋转。锥齿轮 13 是 T 轴谐波减速器 11 的

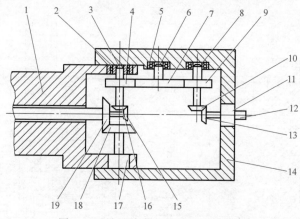

图 2-34　另一种常见的手腕传动结构

1—手腕体　2、5、8—轴承　3、6—轴　4、7、9—齿轮　10、13、15、16、18、19—锥齿轮

11—T 轴谐波减速器　12—谐波减速器输出轴　14—摆动体　17—B 轴谐波减速器

输入轴，锥齿轮 13 旋转引起 T 轴谐波减速器输出轴 12 的输出旋转，最终实现手部回转。

　　关于图 2-34 中的齿轮 7（惰轮），有的机器人手腕中没有这个结构，而是使齿轮 4 直接与齿轮 9 相啮合，使整个传动结构更紧凑一些。注意：此时 T 轴的输出方向发生了 180°的变化。

思考与练习

1. 工业机器人由哪三个基本部分组成？每个基本部分的结构和作用是什么？
2. 直接传动方式的工业机器人的结构特点是什么？
3. 手腕后驱方式的工业机器人的结构特点是什么？
4. 连杆驱动方式的工业机器人的结构特点是什么？
5. 试列举几种三自由度手腕结构，并分析其特点。
6. 试画出手腕后驱工业机器人的传动结构简图。

第 3 章
工业机器人的常用传动机构与维护

学习目标

1. 理解工业机器人常用传动机构的结构。
2. 了解工业机器人常用传动机构的分类。
3. 理解工业机器人常用传动机构的安装。
4. 掌握工业机器人常用传动机构的维护。

本章介绍了工业机器人常用传动机构，即 CRB 传动机构、同步带传动机构、链传动机构、齿轮传动机构和蜗杆传动机构等，主要讲解各机构的结构、分类、安装及维护，使学生能了解各种传动机构在工业机器人中的应用及注意事项。

3.1 CRB 传动机构与维护

工业机器人使用交叉滚子轴承（Cross Roller Bearing，CRB），是滚子在呈 90°的 V 形沟槽滚动面上通过间隔保持器或隔离块被相互垂直地排列，所以交叉滚子轴承可承受径向载荷、轴向载荷及力矩载荷等多方向的载荷。它的内外圈的尺寸被小型化，极薄形式更是接近于极限的小型尺寸，并且具有高刚性，精度可达到 P5、P4、P2 级。

3.1.1 CRB 传动的特点

1. 具有出色的旋转精度

交叉滚子轴承内部结构采用滚子呈 90°相互垂直交叉排列，滚子之间装有间隔保持器或隔离块，可以防止滚子的倾斜或滚子之间相互摩擦，有效防止了旋转转矩的增加。另外，不会发生滚子的一方接触现象或者锁死现象；同时因为内外圈是分割的结构，间隙可以调整，即使被施加预压，也能获得高精度的旋转运动。

2. 安装操作简单

被分割成两部分的外圈或者内圈，在装入滚子和保持器后被固定在一起，所以安装时操作非常简单。

3. 承受较大的轴向载荷和径向载荷

因为滚子在呈 90°的 V 形沟槽滚动面上通过间隔保持器或隔离块被相互垂直排列，这种设计使交叉滚子轴承可以承受较大的径向载荷、轴向载荷及力矩载荷等多方向的载荷。

4. 节省安装空间

交叉滚子轴承的内外圈尺寸被小型化，特别是超薄结构接近极限的小型尺寸，并且具有高刚性，所以它适合于工业机器人的关节部或者旋转部、机械加工中心的旋转台、精密旋转工作台、医疗仪器、计量器具以及 IC 制造装置等设备。

5. 衍生的种类和结构比较多，适用于各种应用场合

在基本型交叉滚子轴承的基础上，可以衍生出很多结构的交叉滚子轴承，以便于应用在不同要求的场合。从大类上来分，可以分为基本型交叉滚子轴承、高刚性交叉滚子轴承和超薄型交叉滚子轴承；从外部结构上来分，可以分为内圈分割型、外圈分割型和内外圈一体型；从内部结构上来分，可以分为满装滚子型、金属窗式保持架型和尼龙或者金属隔离块型；按照连接方式来分，又可以分为螺栓连接型、铆钉连接型及弹簧碟片型等。

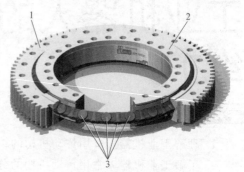

图 3-1 交叉滚子轴承结构示意图
1—外圈 2—内圈 3—圆柱滚子

交叉滚子轴承（图 3-1）主要由内圈、外圈、圆柱滚子、保持架（隔离块）和密封装置等组成。

交叉滚子轴承的圆柱滚子（轴线）在滚道上呈交叉分布，圆柱滚子的长径比小于 1，滚子在运动时存在轻微滑动。

通过调整圆柱滚子交叉数量和接触角，可以应对各种工况条件下产生的不同轴向力、倾覆力矩和径向力组合。

3.1.2 交叉滚子轴承的分类

1. RB 型（外圈分割型、内圈旋转用）

如图 3-2 所示，此型号为交叉滚子轴承的基本型，带有被分割的外圈和与主体形成一体化的内圈。它最适用于要求内圈旋转精度的部位。例如：它可用于工具机的转位工作台的旋转部分。

2. RU 型（内外圈一体型）

如图 3-3 所示，由于已进行了安装孔的加工，所以不需要固定法兰和支承座。另外，由于采用带座的一体化内外圈结构，安装对性能几乎没有影响，因此能够获得稳定的旋转精度和转矩。通过锥销孔安装滚子，能用于外圈和内圈旋转。

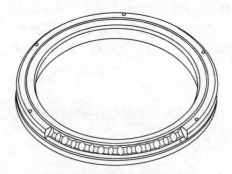

图 3-2 RB 型交叉滚子轴承

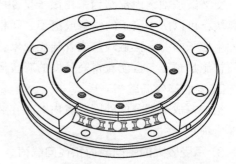

图 3-3 RU 型交叉滚子轴承

3. RE 型（内圈分割型、外圈旋转用）

如图 3-4 所示，此系列型号是由 RB 型的设计理念产生的新形式，主要尺寸与 RB 型相同。它的构造是内圈是分割型，外圈是一体设计，适用于要求外圈旋转精度高的部位。

4. SX 型（外圈分割型，内圈旋转用）

如图 3-5 所示，其结构与 RB 型类似，外圈是两分割的结构，通过 3 个固定环连接，内圈一体设计，适用于要求内圈旋转精度高的部位。

5. CRB 型（外圈分割型、内圈旋转用）

如图 3-6 所示，它的外圈是分割型，内圈是一体设计，适用于要求内圈旋转精度高的部位。

图 3-4　RE 型交叉滚子轴承　　图 3-5　SX 型交叉滚子轴承　　图 3-6　CRB 型交叉滚子轴承

6. CRBH 型（内外圈一体型）

如图 3-7 所示，该系列型号内外圈都是一体结构，通过锥销孔安装滚子，用于外圈和内圈旋转。

7. RA 型（外圈分割型、内圈旋转用）

如图 3-8 所示，此系列型号是将 RB 型内、外圈厚度减小到极限的紧凑型。它适用于重量轻、紧凑设计的部位，如机器人和机械手旋转部位。

图 3-7　CRBH 型交叉滚子轴承　　　　　图 3-8　RA 型交叉滚子轴承

3.1.3　交叉滚子轴承的安装

1）将支承座或其他安装部位彻底清洗干净，并确定毛刺或飞边已被去除。

2）由于交叉滚子轴承是薄壁轴承，插入时易发生倾斜。为了避免出现这种现象，应一边保持水平，一边用塑料锤均匀敲打，一点一点地将轴承插入支承座内或轴上，直到通过声音确认其与基准面完全紧靠时为止。

3）将固定法兰放置在交叉滚子轴承上，摇动固定法兰几次，使其与螺栓孔的位置相吻合。

4）将固定螺栓插入孔内，用手转动螺栓时，确认没有因螺栓孔偏离而引起螺栓难以拧入。

5）如图3-9所示，固定螺栓的拧紧由不完全拧紧到全拧紧分成3~4个阶段，按对角线上的顺序反复拧紧。在拧紧分割的内圈或外圈时，将一体型的外圈或内圈稍微转动一些，就能修正内外圈与主体的偏离。

3.1.4 交叉滚子轴承的维护与更换

1. 交叉滚子轴承的维护

交叉滚子轴承的维护工作主要是润滑脂的补充和更换。交叉滚子轴承所使用的润滑脂型号、注入量和补充时间在使用维护手册上一般都有具体要求。用户使用

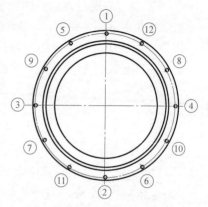

图3-9 螺栓的拧紧顺序

时，要按照使用维护手册要求进行维护。另外，要注意润滑脂的补充和更换时间与交叉滚子轴承的实际工作转速、环境温度有关，实际工作转速、环境温度越高，补充和更换润滑脂的周期就越短。

2. 交叉滚子轴承的更换

交叉滚子轴承在取出并清洗干净之后应当进行仔细检查，确定轴承的损伤程度、力学性能等使用状况是否影响再次使用。检查的内容主要包括滚道面、滚动面和配合面的状态，保持架的磨损情况，交叉滚子轴承的尺寸精度上的损伤和轴承的游隙等。交叉滚子轴承在出现一些特定缺陷后，即可判断不能继续使用，而必须更换新交叉滚子轴承。这些情况主要包括：

1）内圈、外圈、滚动体、保持架任何一个上有缺口或裂纹。

2）套圈、滚动体任何一个上有断裂。

3）滚道面、挡边、滚动体上有显著的卡伤。

4）保持架磨损显著或者铆钉显著松弛。

5）滚道面、滚动体上有锈、有伤或者有严重的压痕和打痕。

6）因热而造成的明显变色。

7）内圈内径面或外圈外径面有明显的蠕变。

8）封入润滑脂的交叉滚子轴承、密封圈或防尘盖的破损明显。

更换交叉滚子轴承时，最好用同厂家、同型号的轴承代替。但是，如果购买困难，在安装尺寸一致、规格性能相同的情况下，也可以用同规格的其他产品替换。

3.2 同步带传动机构与维护

同步带（Synchronous Belt）因带体和传动轮之间的运转达到高度同步而得名。它综合了不同传动方式（齿轮、链条和胶带）之长，从而体现了高效、平稳、噪声小以及无须润滑等诸多优点。这一切都源自其工作面的齿形体与传动轮槽之间的精确啮合。因此，在传动过程中，带体与传动轮之间不存在相对滑移，在任何瞬间都能实现同步传动。因此它也被称为"时规胶带"（Timing Belt）。

3.2.1 同步带传动的优点

同步带传动是由一根内周表面设有等间距齿的封闭环形胶带和具有相应齿的带轮所组成。运转时，带的凸齿与带轮齿槽相啮合来传递运动和动力。与其他传动相比，同步带传动具有以下优点：

1）传动效率高，可达 98%～99.5%，居各种机械传动之首；节能效果好，经济效率高。

2）与带轮之间反向间隙很小，同步带不打滑，传动比准确，角速度恒定，故可用于精密传动。

3）不需要润滑，而且耐油耐潮，既省油又不会产生污染，特别对食品、造纸、轻纺、化纤及汽车工业尤其重要。

4）速比范围大，一般可以达到 10，允许线速度也高，可达 50m/s。

5）传动功率范围大，可以从几瓦到数百千瓦。

6）传动平稳，能吸振，噪声小。

7）带的张紧力小，减轻了对轴的压力，轴承使用寿命可得到延长。

8）结构紧凑，还适宜多轴传动。

由于同步带传动具有带传动、链传动和齿轮传动的优点，在机器人制造中应用较多，主要用于要求大中心距、传动比准确的中、小功率传动中，如腕关节。

图 3-10 所示为同步带传动应用实例。

图 3-10　同步带传动应用实例

3.2.2 同步带的类型

同步带通常由胶层（背胶）、强力层、带齿和包布层组成。胶层可以由干胶（通常为氯丁橡胶）制取，也可以由液态聚氨酯（交联后成固态）制取。强力层通常取材于合成纤维，如尼龙、涤纶、芳纶丝加工成的线绳、玻璃纤维丝和钢丝组成的绳。带齿组成同胶层一样。包布层为挂胶帆布。

1. 梯形齿同步带

梯形齿同步带（图 3-11）又可分为单面梯形齿同步带和双面梯形齿同步带两种，一般简称为单面带和双面带。双面梯形齿同步带按照对称形式的不同还能分为两种：对称齿型同步带和交错齿型同步带。

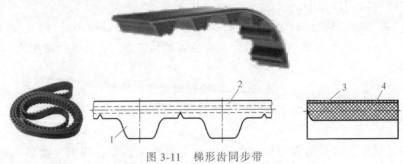

图 3-11　梯形齿同步带

1—带齿　2—胶层（背胶）　3—包布层　4—强力层

2. 弧齿同步带

弧齿同步带（图 3-12）的齿形为曲线形，齿高、齿根厚和齿根圆角半径更大，在受载之后应力的分布状态较好，避免齿根的应力过于集中而增大齿根的负载，因此弧齿同步带的齿根承载能力较好，使用寿命更长。

图 3-12　弧齿同步带

弧齿同步带的耐磨性好，工作时不需要润滑，也不会发出噪声，因此获得了极其广泛的应用空间，能够应用于粉尘等恶劣工作环境。

3.2.3　同步带轮

同步带轮一般由钢、铝合金、铸铁、黄铜等材料制成，表面处理有本色氧化、发黑、镀锌、镀彩锌、高频感应加热淬火等，如图 3-13 所示。

图 3-13　同步带轮

3.2.4　同步带的安装方法

1）安装同步带时，如果两同步带轮的中心距可以移动，必须先将同步带轮的中心距缩短,装好同步带后,再使中心距复位。若有张紧轮,先把张紧轮放松,然后装上同步带,再装上张紧轮。

2)往同步带轮上装同步带时,切记不要用力过猛,或用螺钉旋具硬撬同步带,以防止同步带中的抗拉层产生外观察觉不到的折断现象。设计同步带轮时,最好选用两轴能相互移近的结构,若结构上不允许,则最好把同步带与同步带轮一起装到相应的轴上。

3)控制适当的初张紧力。

4)同步带传动中,两同步带轮轴线的平行度要求比较高,否则同步带在工作时会产生跑偏,甚至跳出同步带轮。轴线不平行将引起压力不均匀,导致同步带齿早期磨损。

5)支承同步带轮的机架必须有足够的刚度,否则同步带轮在运转时会造成两轴线的不平行。

3.2.5 同步带的损伤原因及对策

同步带的损伤原因及对策见表 3-1。

表 3-1 同步带的损伤原因及对策

序号	损伤	原因	对策
1	同步带断裂	1)过载 2)设备干涉造成过载 3)负载晃动过大 4)带轮直径过小 5)同步带折叠弯曲 6)与法兰干涉 7)异物干涉 8)芯线被腐蚀,强度降低	1)变更同步带尺寸 2)防止设备再次发生干涉 3)变更设计,消除负载晃动 4)变更设计,增大带轮直径 5)保管、操作时注意 6)重新调整法兰位置,使法兰形状肉眼可见 7)改善环境,同时增加防护罩 8)改善环境,同时将芯线材质变更为芳纶纤维、不锈钢
2	同步带齿部磨损	1)过载 2)同步带张紧力过大 3)摩擦造成过多的粉尘 4)同步带过松	1)变更设计(变更同步带的尺寸) 2)优化调整初始张紧力 3)环境改善,增加防护罩 4)优化调整初始张紧力
3	同步带齿底部磨损	1)同步带张紧力过大 2)带轮齿形不好	1)优化调整初始张紧力 2)更换标准带轮
4	芯线部分断裂	1)异物干涉 2)安装同步带时,由扳手等造成的断裂 3)部分地方过度折弯 4)由啮合不良引起的侧面过度疲劳	1)改善环境,同时增加防护罩 2)安装时注意 3)保管时注意 4)调整啮合状态
5	同步带背部橡胶开裂	1)带轮的直径过小 2)工作温度较低	1)变更设计(增大带轮的直径) 2)提高工作温度
6	同步带背部橡胶磨损	1)与带轮接触的同步带背面啮合不好 2)设备干涉	1)调整啮合状态 2)去除干涉

3.2.6 同步带传动的维护

1）采用安全防护罩，以保证操作人的安全；同时防止油、酸、碱对同步带的腐蚀。

2）定期对同步带进行检查，有无松弛和断裂现象，如有松弛和断裂则应更换新带。

3）应及时清洗带轮槽及同步带上的油污。

4）同步带传动工作温度不应过高。

3.3 链传动机构与维护

链传动是通过链条将具有特殊齿形的主动链轮的运动和动力传递到具有特殊齿形的从动链轮的一种传动方式，如图 3-14 所示。

图 3-14 链传动应用实例

3.3.1 链传动的特点

链传动具有下列特点：

1）能保证准确的平均传动比。

2）传递功率大，张紧力小，作用在轴和轴承上的力小。

3）传动效率高，$\eta = 0.95 \sim 0.98$。

4）能在低速、重载和高温条件下以及尘土飞扬、淋水、淋油等不良环境中工作。

5）能用一根链条同时带动几根彼此平行的轴转动。

6）因多边形效应，瞬时传动比不是常数，会产生动载荷和冲击，不宜用于精密传动的机械。

7）安装和维护要求较高。

8）链条的铰链磨损后，传动中链条容易脱落。

9）无过载保护作用。

链传动用于两轴平行、中心距较远、传递功率较大且平均传动比要求准确、不宜采用带传动或齿轮传动的场合。

链传动在轻工、农业、石油化工、运输起重机械、机床、摩托车和自行车等的机械传动中广泛应用。

3.3.2 链传动的组成与类型

链传动（图 3-15）由主动链轮、从动链轮和链条组成。主动链轮 3 回转时，依靠链条 2 与两链轮之间的啮合力，使从动链轮 1 回转，进而实现运动和（或）动力的传递。

常用的链条有滚子链、套筒链和齿形链。

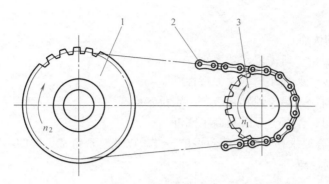

图 3-15 链传动

1—从动链轮 2—链条 3—主动链轮

滚子链结构较简单、重量轻、价格较便宜，已标准化，应用最广。

套筒链结构与滚子链相同，只是没有滚子，结构简单，重量轻，价格比滚子链低，但寿命较短，常用于低速的传动。

齿形链与滚子链相比，工作平稳、噪声较小、承受冲击载荷能力较强，但结构复杂、较重、价格较贵，常用于高速或运动精度要求较高的传动。

3.3.3 链传动的维护

维护做得越好，链传动的故障就越少，实践表明，使用中如能遵守几条相当简单的维护原则，就可以节约费用，延长链传动各部件的使用寿命，充分发挥链传动的工作能力。

1）传动的各个链轮应当保持良好的共面性，链条通道应保持畅通。

2）链条松边垂度应适当。对可调中心距的水平和倾斜传动，链条松边垂度应保持为中心距的 1%～2% 左右，对于垂直传动或受振动载荷、反向传动及动力制动，应使链条松边垂度更小些。经常检查和调整链条松边垂度是链传动维护工作中的重要项目。

3）经常保持良好的润滑，也是链传动维护工作中的重要项目。不管采用哪种润滑方式，最重要的是能使润滑油脂及时、均匀地分布到链条铰链的间隙中去。如无必要，尽量不采用黏度较大的重油或润滑脂，因为它们使用一段时间后易与尘土一起堵塞通往铰链摩擦表面的通路（间隙）。应定期将滚子链进行清洗去污，并经常检查润滑效果，必要时应拆开检查销轴和套筒，如摩擦表面呈棕色或暗褐色时，一般是供油不足，润滑不良。

4）链条、链轮应保持良好的工作状态。

5）经常检查链轮轮齿的工作表面，若发现磨损过快，应及时调整或更换链轮。

3.4 滚动导轨传动机构与维护

导轨副是 20 世纪 70 年代末发展起来的一种具有独特力学性能的新型滚动支承。它适应了精密机械的高精度、高速度、节能环保以及缩短产品开发周期等要求，因此得到了广泛的应用。目前导轨副已经成为数控机床、精密电子机械、工业机器人及测量仪器中不可缺少的一种重要功能部件。

在滚动导轨运动部件和支承部件之间放置滚动体（滚珠、滚柱或滚针等），使导轨运动时处于滚动摩擦状态。

3.4.1 滚动导轨的特点

滚动导轨摩擦因数小，一般 $f = 0.0025 \sim 0.005$，动、静摩擦因数很接近，且几乎不受运动速度变化的影响。

1. 滚动导轨的优点

1）运动轻便灵活，所需驱动功率小。

2）摩擦发热少，磨损小，精度保持性好。

3）低速运动时，不易出现爬行现象，定位精度高。

4）滚动导轨可以预紧，显著提高了刚度。

滚动导轨很适合要求移动部件运动平稳、灵敏以及实现精密定位的场合。

2. 滚动导轨的缺点

1）结构较复杂，制造较困难，因而成本较高。

2）对脏物较敏感，必须要有良好的防护装置。

3.4.2　滚动导轨的组成

滚动导轨主要由导轨、滑块、滚珠、保持器、端盖等组成，如图 3-16 所示。

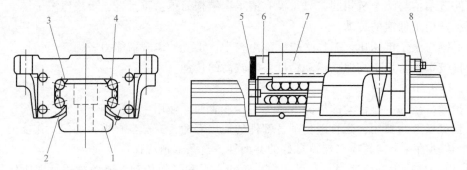

图 3-16　滚动导轨

1—导轨　2—侧面密封垫　3—保持器　4—滚珠　5—端面密封垫　6—端盖　7—滑块　8—润滑油环

导轨为支承部件，安装于工作机上。滑块作为移动部件，安装于导轨部件上。滚珠放置在导轨轨道与滑块轨道之间。保持器安装于各滚珠之间，等间距地隔开各滚珠。端盖则位于滑块两端，起到回珠、去屑和润滑的作用。密封垫包括端面、侧面和内部密封垫，起到防尘的作用。工作时，滑块沿导轨做往复直线运动，位于导轨轨道与滑块轨道之间的滚珠在保持器的维持下，在滚道内进行连续循环运动，从而实现滑块与导轨间的相对运动。

3.4.3　滚动导轨的类型

滚动导轨根据滚动体形式的不同，可分为滚珠导轨、滚柱（或滚针）导轨。

1. 滚珠导轨

如图 3-17 所示，这种导轨的结构特点为滚珠与导轨之间为点接触，摩擦阻力小，承载能力较差，刚度低，结构紧凑，制造容易，成本较低。通过合理设计，滚道圆弧可大幅度降低接触应力，提高承载能力。

2. 滚柱导轨

如图 3-18 所示，这种导轨的结构特点为滚柱与导轨之间为线接触，承载能力较同规格滚珠导轨高一个数量级，刚度高。

3. 滚针导轨

如图 3-19 所示，这种导轨结构紧凑，尺寸小，刚度高，承载能力大，制造精度要求高，摩擦力较大。

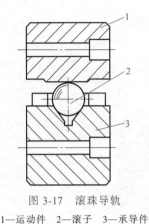

图 3-17 滚珠导轨

1—运动件 2—滚子 3—承导件

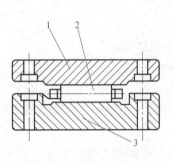

图 3-18 滚柱导轨

1—运动件 2—滚柱 3—承导件

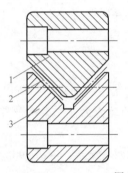

图 3-19 滚针导轨

1—运动件 2—滚针 3—承导件

3.4.4 滚动导轨的使用及维护

1）保持滚动导轨及其周围环境的清洁。即使肉眼看不见的灰尘进入导轨，也会增加导轨的磨损，产生振动和噪声。

2）滚动导轨在使用安装时要认真仔细，不允许强力冲压，不允许用锤子直接敲击导轨，不允许通过滚动体传递压力。

3）使用合适、准确的工具安装滚动导轨，尽量使用专用工具，极力避免使用布类和短纤维之类的东西。

4）防止滚动导轨的锈蚀。直接用手拿取滚动导轨时，要充分洗去手上的汗液，并涂以优质矿物油后再进行操作，在雨季和夏季尤其要注意防锈。

5）润滑保养。相互运动的金属材料之间如果不及时供给润滑油，就会产生严重的磨耗问题，从而影响使用。滚动导轨的接触部分较小，而且是滚动摩擦，因此只需要少量的润滑油就可以满足使用要求。通常情况下，滚动导轨的润滑油补给周期为 1 个月，运行长度约 100km。

3.5 滚珠丝杠传动机构与维护

滚珠丝杠（图 3-20）是机床和精密机械上最常用的传动元件，其主要功能是将旋转运动转换成线性运动，或将转矩转换成轴向反复作用力，同时兼具高精度、可逆性和高效率的特点。

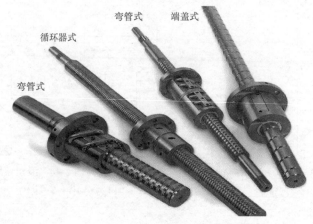

图 3-20　滚珠丝杠

3.5.1　滚珠丝杠的优缺点

1. 滚珠丝杠的优点

1）由于滚珠丝杠的丝杠与螺母之间有很多滚珠在做滚动运动，所以能得到较高的运动效率。与滑动丝杠相比，达到同样的运动结果所需的动力为使用滑动丝杠的 1/3 左右，有利于节约能源。

2）传动效率高，摩擦损失小。滚珠丝杠的传动效率 $\eta = 0.85 \sim 0.98$，可实现高速运动。

3）运动平稳，无爬行。由于滚珠丝杠摩擦阻力小，动、静摩擦因数之差极小，故运动平稳，不易出现爬行现象。

4）传动精度高。反向时无空程；滚珠丝杠经预紧后，可消除轴向间隙。

5）磨损小，精度保持性好，使用寿命长。

6）具有运动的可逆性。滚珠丝杠可以将旋转运动转换成直线运动，也可将直线运动转换成旋转运动，即丝杠和螺母均可作为主动件或从动件。

7）高速进给。滚珠丝杠由于运动效率高、发热小，所以可实现高速进给（运动）。

2. 滚珠丝杠的缺点

1）由于结构复杂，丝杠和螺母等的加工精度和表面质量要求高，制造成本高。

2）由于不能自锁，特别是垂直安装的滚珠丝杠传动，会因部件的自重而自动下降。当部件向下运动且切断动力源时，由于部件的自重和惯性，不能立即停止运动，因此必须增加制动装置。

3.5.2　滚珠丝杠的工作原理

滚珠丝杠由于在丝杠和螺母之间放入了滚珠，使丝杠与螺母间变为滚动摩擦，因而大大地减小了摩擦阻力，提高了传动效率。图 3-21 所示为滚珠丝杠螺母副的结构示意图。丝杠 1 和螺母 3 上均制有圆弧形的螺旋槽，将它们装在一起便形成了螺旋滚道，滚珠 4 在其间既自转又循环滚动。

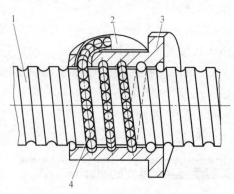

图 3-21　滚珠丝杠螺母副的结构示意图
1—丝杠　2—滚道　3—螺母　4—滚珠

3.5.3 滚珠丝杠的结构类型

1. 外循环

滚珠在循环过程结束后通过螺母外表面上的螺旋槽或插管返回丝杠螺母间重新进入循环。图 3-22 所示为常见的外循环结构形式。在螺母外圆上装有螺旋形的插管口，其两端插入插管，以引导滚珠通过插管，形成滚珠的多圈循环链。这种形式结构简单，工艺性好，承载能力较强，但径向尺寸较大。由于外循环结构制造工艺简单，其滚道接缝处很难做得平滑，影响滚珠滚动的平稳性，甚至发生卡珠现象，噪声也较大。目前这种结构应用最为广泛，也可用于重载传动系统中。

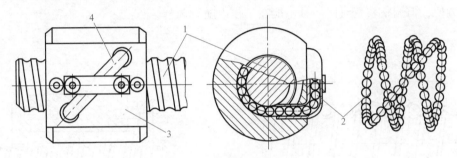

图 3-22 外循环结构形式

1—丝杠 2—滚珠 3—螺母 4—插管

2. 内循环

靠螺母上安装的反向器接通相邻滚道，使滚珠成单圈循环，如图 3-23 所示。反向器 2 的数目与滚珠圈数相等。这种形式结构紧凑，定位可靠，刚度好，滚珠流通性好，摩擦损失小，返回滚道短，不易发生滚珠堵塞。但是它的结构复杂，制造较困难，不能用于多线螺纹。它适用于高灵敏、高精度的进给系统，不宜用于重载传动系统中。

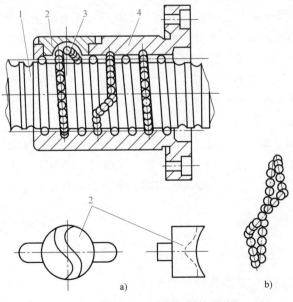

a)　　　　　　　　b)

图 3-23 内循环结构形式

1—丝杠 2—反向器 3—滚珠 4—螺母

3.5.4 滚珠丝杠螺母副的预紧方法

为了保证滚珠丝杠反向传动精度和轴向刚度，必须消除滚珠丝杠的螺母副轴向间隙。消除间隙的方法常采用双螺母结构，利用两个螺母的相对轴向位移，使每个螺母中的滚珠分别接触丝杠滚道的左右两侧。用这种方法预紧消除轴向间隙时，预紧力一般应为最大轴向负载的1/3。当要求不太高时，预紧力可小于此值。

1. 垫片调整法（图3-24、图3-25）

通过改变垫片的厚度，使螺母产生轴向位移。这种结构简单可靠、刚性好，应用最为广泛。在双螺母间加垫片的形式可由专业生产厂家根据用户要求事先调整好预紧力，使用时装卸非常方便，但调整较费时间，且不能在工作中随意调整。

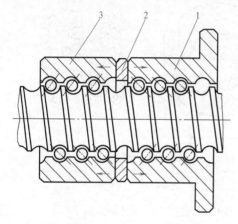
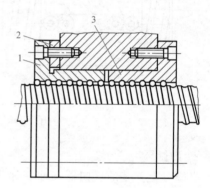

图3-24　双螺母垫片调整法（中间加垫片）

1—螺母 A　2—垫片　3—螺母 B

图3-25　双螺母垫片调整法（端部加垫片）

1、3—螺母　2—垫片

2. 双螺母螺纹调整法（图3-26）

在丝杠的其中一个螺母外侧加工有凸缘，另一个螺母加工有伸出螺母座的螺纹，通过调整预紧螺母2便可以改变两个螺母的相对位置，完成轴向预紧。为了防止预紧时螺母转动，丝杠螺母1和丝杠螺母3之间一般安装有键4。

这种结构既紧凑，工作又可靠，调整也方便，且可在使用过程中随时调整，故应用较广。但调整位移量和预紧力不易精确控制。

3. 齿差调整法

如图3-27所示，在两个螺母的凸缘上各制有圆柱外齿轮，分别与紧固在套筒两端的内齿圈相啮合，其齿数分别为z_1、z_2，并相差一个齿。调整时，先取下内齿圈，让两个螺母相对于套筒同方向都转动一个齿，然后再插入内齿圈，则两个螺母便产生相对角位移，其轴向位移量为

$$S = \left(\frac{1}{z_1} - \frac{1}{z_2} \right) P_h$$

式中，z_1、z_2是齿轮的齿数；P_h是滚珠丝杠的导程。

3.5.5 滚珠丝杠螺母副的故障诊断与排除方法

滚珠丝杠螺母副的故障诊断与排除方法见表3-2。

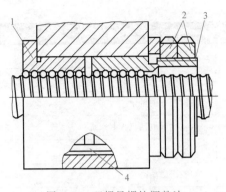

图 3-26 双螺母螺纹调整法

1、3—丝杠螺母 2—预紧螺母 4—键

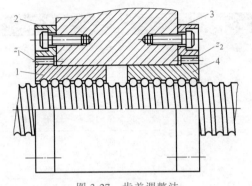

图 3-27 齿差调整法

1、4—螺母 2、3—内齿圈

表 3-2 滚珠丝杠螺母副的故障诊断与排除方法

现象	故障原因	排除方法
滚珠丝杠螺母副噪声	丝杠支承轴的压盖压合情况不好	调整轴承压盖,使其压紧轴承端面
	丝杠支承轴可能破损	若轴承破损,更换新轴承
	电动机与丝杠联轴器松动	拧紧联轴器锁紧螺钉
	丝杠润滑不良	改善润滑条件,使润滑油量充足
	滚珠丝杠滚珠有破损	更换新滚珠
滚珠丝杠不灵活	轴向预加载荷太大	调整轴向间隙和预加载荷
	丝杠与导轨不平行	调整丝杠支座位置,使丝杠与导轨平行
	螺母轴线与导轨不平行	调整螺母座位置
	丝杠弯曲变形	校直丝杠
滚珠丝杠螺母副润滑不良	分油器不分油	检查分油器
	油管堵塞	消除污物,使油管畅通
	滚珠丝杠润滑不良	用润滑脂润滑的丝杠需移动工作台,取下罩套,涂上润滑脂
精度不稳定	丝杠轴联轴器锥套松动	重新紧固,并用百分表反复测试
	丝杠轴滑板配合压板过紧或过松	重新调整或修研,使接触率达 70% 以上,用 0.03mm 塞尺不入为合格
	丝杠轴滑板配合楔铁过紧或过松	调整预紧力,检查轴向窜动值,使其误差不大于 0.015mm
反向误差大	滚珠丝杠预紧力过紧或过松	调整预紧力,检查轴向窜动值,使其误差不大于 0.015mm
	滚珠丝杠螺母端面与结合面不垂直,结合过松	修理、调整或加垫处理
	丝杠支承轴承预紧力过紧或过松	修理调整
	滚珠丝杠制造误差大或轴向窜动	用控制系统自动补偿消除间隙,用仪器测量并调整丝杠窜动
	润滑油不足或没有	调节至各导轨面均有润滑油
	其他机械干涉	排除干涉部位

（续）

现象	故障原因	排除方法
加工件粗糙度值高	导轨的润滑不足,导致溜板爬行	加润滑油,排除润滑故障
	滚珠丝杠局部拉毛或研损	更换或修理丝杠
	丝杠轴承损坏,运动不平稳	更换损坏的轴承
	伺服电动机未调整好,增益过大	调整伺服电动机控制系统
滚珠丝杠在运转中转矩过大	丝杠研损	更换丝杠
	无润滑油	调整润滑油路
	超程开关失灵,造成机械故障	检查故障并排除
	伺服电动机过热报警	检查故障并排除
	两滑板配合压板过紧或研损	重新调整或修研压板,用 0.04mm 塞尺塞不入为合格
	滚珠丝杠反向器损坏,滚珠丝杠卡死或轴端预紧力过大	修复或更换丝杠,并精心调整
	伺服电动机与滚珠丝杠连接不同轴	调整同轴度,并紧固连接件

3.5.6 滚珠丝杠的日常维护

1. 滚珠丝杠的润滑

滚珠丝杠润滑不良可引起运动误差,因此,滚珠丝杠润滑是日常维护的主要内容。

使用润滑剂可提高滚珠丝杠的耐磨性及传动效率。润滑剂可分为润滑油和润滑脂两大类。润滑油一般为全损耗系统用油,润滑脂可采用锂基润滑脂。润滑脂一般加在螺纹滚道和安装螺母的壳体空间内,而润滑油则经过壳体上的油孔注入螺母的空间内。每半年对滚珠丝杠上的润滑脂更换一次,清洗丝杠上的旧润滑脂,涂上新的润滑脂。用润滑油润滑的滚珠丝杠可在每次机器人工作前加油一次。

2. 丝杠支承轴承的定期检查

定期检查丝杠支承与机器人本体的连接是否松动,连接件是否损坏以及丝杠支承轴承的工作状态与润滑状态。

3. 滚珠丝杠的防护

滚珠丝杠和其他滚动摩擦的传动器件一样,应避免硬质灰尘或切屑污物进入,因此,必须装有防护装置。如果滚珠丝杠外露,则应采用封闭的防护罩,如采用螺旋弹簧钢带套管、伸缩套管以及折叠式套管等。安装时,将防护罩的一端连接在滚珠螺母的侧面,另一端固定在滚珠丝杠的支承座上。如果滚珠丝杠处于隐蔽的位置,则可采用密封圈防护,密封圈装在螺母的两端。接触式的弹性密封圈采用耐油橡胶或尼龙制成,其内孔做成与丝杠螺纹滚道相配的形状。接触式密封圈的防尘效果好,但由于存在接触压力,使摩擦力矩略有增加。非接触式密封圈又称为迷宫式密封圈,它采用硬质塑料制成,内孔与丝杠螺纹滚道的形状相反,并稍有间隙,可避免摩擦力矩,但防尘效果差。工作中应避免碰击防护装置,防护装置一旦有损坏应及时更换。

3.6 齿轮传动机构与维护

3.6.1 齿轮传动的特点

齿轮传动机构是现代机械中应用最广泛的传动机构，用于传递空间任意两轴或多轴之间的运动和动力。

1）齿轮传动的主要优点：传动效率高，结构紧凑，工作可靠，寿命长，传动比准确。

2）齿轮传动的主要缺点：制造及安装精度要求高，价格较贵，不宜用于两轴间距离较大的场合。

齿轮外形如图 3-28 所示。

图 3-28　齿轮外形

3.6.2 齿轮传动的分类

齿轮传动的分类见表 3-3。

表 3-3　齿轮传动的分类

按轴的相对位置	平行轴齿轮传动	
	相交轴齿轮传动、交错轴齿轮传动	
按齿线相对齿轮体母线的相对位置	直齿、斜齿、人字齿、曲线齿	
按齿廓曲线	渐开线齿、摆线齿、圆弧齿	
按齿轮传动的工作条件	闭式传动、开式传动、半开式传动	
按齿面硬度	软齿面（≤350HBW）、硬齿面（>350HBW）	
平行轴齿轮传动 （圆柱齿轮传动）	直齿	

	斜齿	
平行轴齿轮传动 （圆柱齿轮传动）	曲线齿	
	人字齿	
	齿轮齿条	
	内齿轮	

（续）

相交轴齿轮传动 （锥齿轮传动）	直齿	
	斜齿	
	曲线齿	
交错轴齿轮传动	斜齿	
	蜗杆蜗轮	

（续）

交错轴齿轮传动	准双曲面齿轮	

3.6.3　齿轮传动的失效原因及排除方法

齿轮传动的失效原因及排除方法见表3-4。

表3-4　齿轮传动的失效原因及排除方法

失效形式	失效原因	排除方法
齿的折断	短时过载或受到冲击载荷,多次重复弯曲	点动试车,减小冲击载荷
	齿根应力集中	更换新齿轮
	淬火存在缺陷	严格按技术要求进行热处理
	齿轮轴歪斜,装配精度差	拆卸后逐步检修直至达到要求
齿面的点蚀	工作初期表面接触不够良好,在个别凸起处有很大的接触应力	减小表面粗糙度值
	齿轮硬度不够	提高齿面硬度
	齿侧隙偏大,齿根部有压痕	在许可范围内采用最大的变位系数
	表面粗糙	增大润滑黏度,减小动载荷
齿面的胶合	温度升高引起润滑失效	改进冷却方式
	润滑油黏度低或缺油	选用黏度较高的润滑油
	齿面硬度低,表面粗糙,接触不良	提高齿面硬度,减小表面粗糙度值,检查其他件的磨损及变性情况
	轮齿超载	减小载荷,调高油面,使齿轮运转时浸没2～3个齿
齿面的塑性变形	齿轮材料选择不当	更换齿轮,按要求合理选材
	承载过大	减小载荷,改善润滑条件
	润滑油黏度低,齿面硬度低	适当提高齿面硬度和润滑油黏度
齿面磨损	缺少润滑,硬的屑粒进入摩擦面	按规程保养
	齿面粗糙	减小齿面表面粗糙度值

3.6.4　齿轮传动的维护

1. 齿轮传动的润滑

润滑方式有浸油润滑和喷油润滑两种。

选择润滑油时,先根据齿轮的工作条件以及圆周速度查得运动黏度值,再根据选定的黏度确定润滑油的牌号。

2. 齿轮传动维护的注意事项

1）要保证啮合齿轮的正确安装。

2）选用适合的润滑油，同时采用合理的润滑方式，明确加油部位，加油量要合适。

3）一对新齿轮使用前，应先进行磨合运转，即在空载和逐渐加载的方式下，至少要运转十几个小时。然后洗净箱体，更换润滑油，才能进行满载运转使用。

4）保持良好的工作环境。

5）遵守操作规程，严防超载。

6）定期检修，及早发现传动失效或运转不正常。

3.7 蜗杆传动机构与维护

蜗杆传动由蜗杆、蜗轮组成，用于传递空间两交错轴之间的运动和动力，通常两轴交错角为 90°，如图 3-29 所示。蜗杆传动一般用于减速传动，广泛应用于各种机械设备和仪表中。

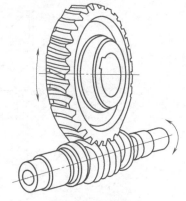

蜗杆装置可在较小的空间里一次达到较大传动比，齿面之间呈现线性接触，同时有几个齿牙互相啮合，可在传输高载荷的同时进行无噪声操作。蜗杆传动具有与齿轮传动不同的特点，对润滑油也有特殊要求。蜗杆传动滑动速度大，发热量高。蜗轮常用青铜制造，有时也用黄铜或铸铁制造，蜗杆一般用合金钢或碳钢制造，从材质上配对可以降低磨损，防止胶合。为防止铜蜗轮的化学腐蚀，对油品中的硫含量、氯含量及中和值都有严格的要求。

图 3-29 蜗杆传动

3.7.1 蜗杆传动的特点

1）比交错轴斜齿轮传动的结构紧凑，可以得到很大的传动比，一般 $i = 5 \sim 80$，大的可达 300 以上。

2）啮合齿面间为线接触，其承载能力大大高于交错轴斜齿轮机构。

3）蜗杆传动相当于螺旋传动，同时啮合的齿对数多，重合度大，传动平稳，噪声小。

4）具有自锁性。当蜗杆的导程角小于啮合轮齿间的当量摩擦角时，机构具有自锁性，可实现反向自锁，即只能由蜗杆带动蜗轮，而不能由蜗轮带动蜗杆。例如：在重型机械中使用的自锁蜗杆机构，其反向自锁性可起安全保护作用。

5）传动效率较低，磨损较严重。蜗杆传动时，啮合轮齿间的相对滑动速度大，故磨损较严重、传动效率较低（$0.7 \sim 0.9$），当传动具有自锁性时，传动效率低于 0.5，因此不宜用于大功率的传动。

6）相对滑动速度大使齿面磨损严重、发热严重。为了散热和减小磨损，常采用价格较为昂贵的减摩性与抗磨性较好的材料及良好的润滑装置，因而成本较高。

7）蜗杆轴向力较大。

8）对制造和安装误差敏感，要求制造精度较高。

随着加工工艺的发展和新型蜗杆传动技术的不断出现（用滚动副来代替滑动副，如滚动蜗杆传动、滚子齿蜗杆传动），蜗杆传动的优点得到进一步发扬，而其缺点得到较好克服。因此蜗杆传动已普遍应用于各类运动与动力传动装置中。

3.7.2 蜗杆传动的类型

按蜗杆的形状不同，蜗杆传动可分为圆柱面蜗杆传动（图3-30）、环面蜗杆传动（图3-31）和圆锥面蜗杆传动（图3-32）等。

普通圆柱面蜗杆传动的蜗杆按齿廓曲线的不同，又分为阿基米德蜗杆（ZA）（图3-33）、渐开线蜗杆（ZI）（图3-34）、法向直齿廓蜗杆（ZN）（图3-35）和锥面包络蜗杆（ZK）（图3-36），其中阿基米德蜗杆由于加工方便，其应用最广泛。

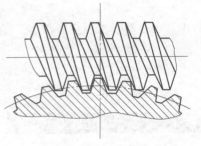

图 3-30　圆柱面蜗杆传动

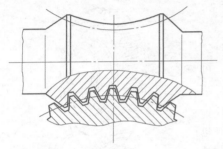

图 3-31　环面蜗杆传动

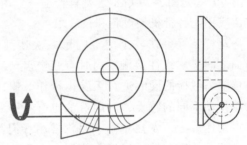

图 3-32　圆锥面蜗杆传动

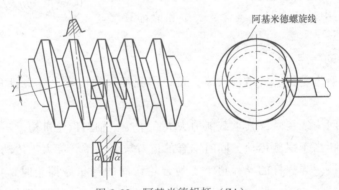

图 3-33　阿基米德蜗杆（ZA）

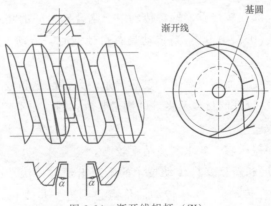

图 3-34　渐开线蜗杆（ZI）

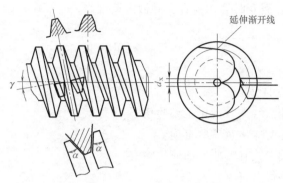

图 3-35 法向直齿廓蜗杆（ZN）

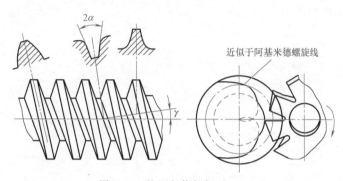

图 3-36 锥面包络蜗杆（ZK）

环面蜗杆传动的蜗杆在轴向的外形是以凹弧面为母线所形成的旋转曲面，在中间平面内，蜗杆和蜗轮都是直线齿廓。这种蜗杆同时啮合齿数多，传动平稳；齿面利于润滑油膜形成，传动效率较高，可达 0.85~0.9。

在圆锥面蜗杆传动中，蜗杆是由在节锥上分布的等导程的螺旋所形成的，而蜗杆在外观上就像一个曲线齿锥齿轮，它是用与锥蜗杆相似的锥滚刀在普通滚齿机上加工而成的。它的特点是：同时接触的点数较多，重合度大；传动比范围大，一般为 10~360；承载能力和效率较高；制造安装简便，工艺性好。

3.7.3 蜗杆传动的安装

1）蜗杆传动安装要求精度高。根据蜗杆传动的啮合特点，应使蜗轮的中间平面通过蜗杆的轴线。

2）为保证传动的正确啮合，要仔细调整蜗轮的轴向位置，使其定位准确，工作时蜗轮的中间平面不允许有轴向移动，因此蜗轮轴支承应采用两端固定的方式。

3.7.4 蜗杆传动的维护

1）蜗杆传动工作一段时间后应测试油温，如果超过油温的允许范围，应停机或改善散热条件。

2）要经常检查蜗轮齿面是否保持完好。

3）润滑对于保证蜗杆传动的正常工作及延长使用寿命很重要。按说明书要求定期更换润滑油，牌号、油量要符合要求。

4）变速换档时要在低速状态下进行，以防撞击蜗轮。

5）如有异常声音，要及时停车检查，并做定期维修。

思考与练习

1. 机械传动的类型有哪些？
2. CRB 传动的特点是什么？
3. 同步带传动有什么特点？适用于哪些场合？
4. 安装同步带传动时应注意哪些事项？
5. 齿轮传动的失效形式有哪些？如何排除？
6. 齿轮传动的主要优点有哪些？
7. 同步带传动、链传动和齿轮传动相比较，各有什么优缺点？
8. 蜗杆传动应如何维护？

第4章
谐波减速器的结构与维护

学习目标

1. 熟悉谐波减速器的结构与原理。
2. 掌握谐波传动的减速比计算。
3. 了解谐波减速器的特点。
4. 熟悉 Harmonic Drive 谐波减速器产品的分类及结构。
5. 熟悉 Harmonic Drive 谐波减速器产品的组装维护。
6. 了解谐波减速器的选型。

谐波减速器是工业机器人的重要部件，本章重点介绍谐波减速器的结构与原理。以 Harmonic Drive 谐波减速器为例，介绍了谐波减速器的产品与维护，使学生全面理解谐波减速器的应用与维护。

4.1 谐波减速器的结构与原理

4.1.1 谐波减速器的结构

谐波减速器就是少齿差行星减速器。谐波传动与普通齿轮传动不同，它利用控制柔轮的弹性变形来实现机械运动的传递。传动时，柔轮产生的变形波是一个基本对称的简谐波，故称为谐波传动。谐波传动既可以做减速器（在机器人中主要是做大传动比的减速器），也可以做增速器，但一般很少用于增速，因此习惯称为谐波减速器。

谐波减速器通常由刚性圆柱齿轮（刚轮）、柔性圆柱齿轮（柔轮）和谐波发生器等零部件组成，如图 4-1 所示。柔性圆柱齿轮和刚性圆柱齿轮的齿形分为直线三角形齿形和渐开线齿形两种，而渐开线齿形应用得较多。

1）谐波发生器：在椭圆状凸轮的外周组装薄壁滚珠轴承（柔性轴承）的部件。轴承的内圈固定在凸轮上，外圈装入柔轮内侧中。凸轮装入薄壁滚珠轴承后，轴承产生弹性变形而成椭圆状。谐波发生器通常被安装在输入轴上。

2）柔轮：薄壁杯形金属弹性体部件，开口部外周刻有齿轮。柔轮的齿数比刚轮的齿数少，因此属于少齿差齿轮传动。柔轮底部（杯形底部）被称为膜片部，通常被安装在输出轴上。一般柔轮都由合金钢制成，具有很高的韧性，抗疲劳能力也很强。柔轮可以是如图 4-1 所示的杯形，也可以是礼帽形、

图 4-1　谐波减速器组成
1—谐波发生器　2—柔轮　3—刚轮

薄饼形等。

3）刚轮：刚性环状部件，内周刻有齿轮。之所以称为刚轮是因为在外力作用下，不会产生变形。刚轮圆周上的连接孔用于连接，通常被固定在机壳上。

4.1.2 谐波减速器的原理

谐波传动作为减速器使用，通常采用谐波发生器输入、刚轮固定、柔轮输出的形式。谐波减速器运动原理示意图如图 4-2 所示。图 4-2 中示意了谐波发生器带着柔轮旋转一周的过程中，柔轮相对于刚轮的齿轮位置变化过程。图 4-2 中柔轮齿数比刚轮齿数少两齿。

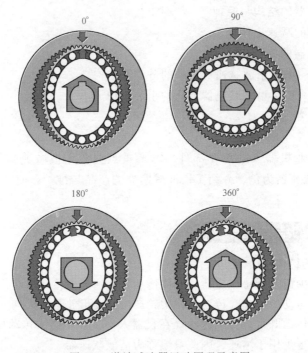

图 4-2　谐波减速器运动原理示意图

谐波发生器的长轴比未变形的柔轮内圆直径大，当谐波发生器装入柔轮内圆时，迫使柔轮产生弹性变形而呈椭圆状。椭圆长轴两端的柔轮齿和与之配合的刚轮齿则处于完全啮合状态，即柔轮的外齿与刚轮的内齿沿齿高啮合，这是啮合区，一般有 30% 左右的齿处在啮合状态。椭圆短轴两端的柔轮齿与刚轮齿处于完全脱开状态，简称为脱开。在谐波发生器长轴和短轴之间的柔轮齿沿柔轮周长的不同区段内，有的逐渐退出刚轮齿间，处在半脱开状态，称为啮出。

谐波发生器为主动元件时，凸轮在柔轮内转动，迫使柔轮及薄壁轴承发生可控的弹性变形，这时柔轮齿就在变形的过程中进入（啮入）或退出（啮出）刚轮齿间，在谐波发生器的长轴方向处于完全啮合状态，而短轴方向的齿就处于完全脱开状态。

当电动机带动谐波发生器在柔轮内连续转动时，其迫使柔轮产生连续的弹性变形，使柔轮齿的啮入→啮合→啮出→脱开这 4 种状态循环往复不断地改变，这种现象称为错齿运动。错齿运动使减速器将输入的高速转动变为输出的低速转动。

柔轮齿和刚轮齿在节圆处啮合的过程如同两个纯滚动（无滑动）的圆环，两者在任何瞬间，在节圆上转过的弧长必须相等。由于柔轮比刚轮在节圆周长上少了两个齿距，所以柔轮在啮合过程中必须相对刚轮转过两个齿距的角位移，这个角位移正是减速器输出轴的转动，从而实现了减速的目的。

取柔轮和刚轮的完全啮合齿轮中间位为基准位，初始 0° 时可见基准位重合。谐波发生器顺时针方向旋转 180° 后，柔轮仅向逆时针方向移动一齿。

谐波发生器旋转一周（360°）后，由于柔轮比刚轮少两齿，因此柔轮向逆时针方向移动两齿。一般将该动作作为输出执行。

谐波传动中，刚轮的齿数 z_G 略大于柔轮的齿数 z_R，其齿数差是谐波发生器转一周柔轮变形时与刚轮同时啮合区域的数目，即由变形波头数 U 来确定。齿数差应当是变形波头数的整数倍，即 $z_G-z_R=nU$。只有是整数倍，才能保证每个波头的啮合是同相位的。通常使两轮齿数差等于谐波发生器的波头数。图 4-2 中柔轮和刚轮同时啮合有两个区域，相位相差 180°，变形波头数为 2，柔轮与刚轮齿数差为两齿，是变形波头数的整数倍。

如果刚轮固定，谐波发生器连接输入轴旋转一周，则其相对于刚轮的运行齿数为 z_R，柔轮（输出轮）相对于刚轮的运行齿数为 z_G-z_R，考虑运动方向相反，则其变速比为

$$i=-(z_G-z_R)/z_R$$

4.1.3　啮合过程分析

柔轮与刚轮啮合的错齿运动使柔轮与刚轮有相对运动，即谐波发生器每转一周，柔轮基准位相对于刚轮基准位移动了刚轮与柔轮的齿数差，即 z_G-z_R。

当谐波发生器装入柔轮内圆时，迫使柔轮产生弹性变形而呈椭圆状，使其长轴处柔轮齿插入刚轮的齿槽内，成为完全啮合状态；而其短轴处两轮轮齿完全不接触，处于脱开状态，即柔轮齿已从刚轮齿槽中脱离出来，还有一定的间隙。这时，柔轮齿中心线不一定与刚轮齿槽中心线相对。

图 4-3 所示为柔轮与刚轮的啮合过程。长轴是把其旋转前进方向上的一个柔轮齿拉过来，压在刚轮的齿槽中。位置①时，柔轮齿可能处于短轴区域，由于谐波发生器逆时针旋转，长轴一点一点地把这个柔轮齿拉过来，由位置①到了位置②完全啮合，谐波发生器的滚轮中心正好完全压合，这就是啮入过程。

长轴继续旋转，又有新的柔轮齿被拉入刚轮的齿槽中，进入啮入状态，刚才啮合的齿脱离啮合状态，一点一点进入短轴区域达到完全脱开状态。这样，柔轮齿由啮入到啮合再到啮出最终完全脱开，不断地改变着工作状态，这就是错齿运动，从而实现了谐波发生器与柔轮的运动传递。

通过啮合过程分析可以看出，谐波减速器的运动伴随着柔轮的变形才能实现，而且谐波发生器的旋转方向与柔轮的旋转方向相反。

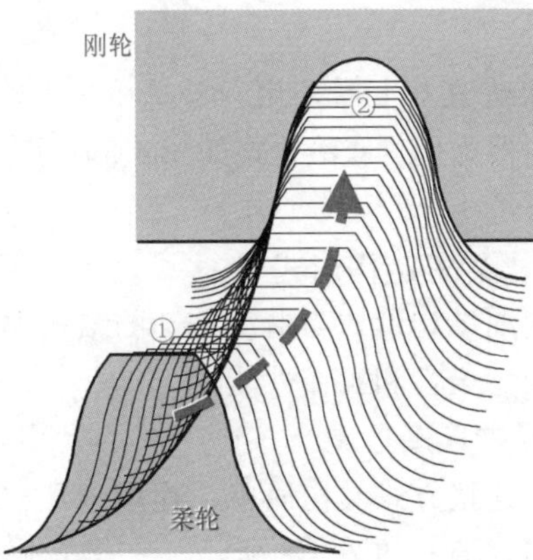

图 4-3　柔轮与刚轮的啮合过程

4.1.4　谐波发生器的结构

1. 谐波发生器的种类

（1）凸轮式谐波发生器　凸轮式谐波发生器是由凸轮和滚珠（或滚柱）组成的，如图

4-4所示。凸轮上有滚道，在滚道上滚动着滚珠（或滚柱），用这个滚珠（或滚柱）来压合柔轮。这种结构比较复杂，但是摩擦阻力比较小，效率也比较高。

（2）滚轮式谐波发生器　滚轮式谐波发生器是由滚轮和摆杆组成的，如图4-5所示。这种结构比较简单，滚轮压合柔轮时，也是只滚动不滑动。这种结构制造、安装均比较简单，所以应用比较广泛，但承载能力比较低，用在低精度传动中。

（3）偏心盘式谐波发生器　偏心盘式谐波发生器是由两个偏心盘组成的，如图4-6所示。这种结构比滚轮式稍复杂一些，安装时要求精度也要高一些。

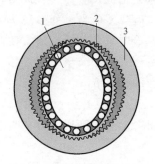

图4-4　凸轮式谐波发生器

1—凸轮　2—柔轮　3—刚轮

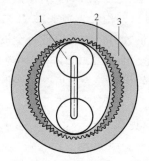

图4-5　滚轮式谐波发生器

1—滚轮　2—柔轮　3—刚轮

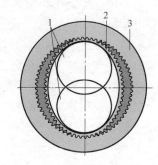

图4-6　偏心盘式谐波发生器

1—偏心盘　2—柔轮　3—刚轮

2. 谐波发生器常见的结构

谐波发生器常见的结构有双波式（有两个啮合区）和多波式（有多个啮合区）。

1）双波式：结构简单，制造方便，形成波峰容易，但柔轮同时啮合齿数相对较少，承载能力低，多用于不重要的低精度轻载传动。

2）多波式：柔轮同时啮合齿数较多，承载能力较强，多用于不宜采用偏心盘式或凸轮式谐波发生器的特大型传动。

目前谐波发生器多用双波式和三波式传动。以滚轮式谐波发生器为例，双滚轮式如图4-5所示，三滚轮式如图4-7所示。

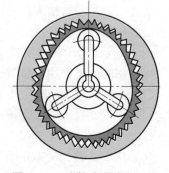

图4-7　三滚轮式谐波发生器

4.1.5　柔轮的结构形式

柔轮的结构形式与谐波传动的结构类型选择有关。柔轮和输出轴的连接方式直接影响谐波传动的稳定性和工作性能。

1. 底端连接方式

这种连接方式结构简单，连接方便，制造也容易，刚性较大，应用普遍。如图4-8所示，在柔轮底端预制一个法兰连接（A处），制作一个带有轴伸端的法兰与A处相连接即可。

2. 花键连接方式

如图4-9所示，在柔轮外有两处带有齿，这两处的齿是与刚轮相啮合的齿，在中间还有一处内齿，用这一齿通过花键把

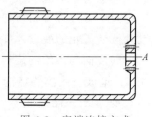

图4-8　底端连接方式

柔轮的运动传送出去。这种连接方式比较复杂。

3. 销轴连接方式

如图 4-10 所示，柔轮 A 处有孔，孔分布在圆周上，然后通过销轴插入到这些孔中，将柔轮运动输出。

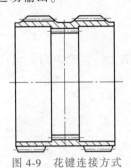 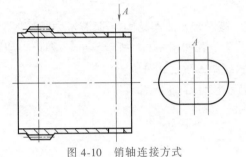

图 4-9　花键连接方式　　　　　　　图 4-10　销轴连接方式

4.2　谐波传动常见的传动形式与应用

4.2.1　谐波传动常见的传动形式

如图 4-11 所示，刚轮、柔轮和谐波发生器可以分别取为输入轴、输出轴和固定轴，组合出谐波传动常见的传动形式，实线箭头为输入轴，虚线箭头为输出轴，黑色阴影为固定轴。其中图 4-11a～c 所示为减速装置，图 4-11d～f 所示为增速装置。

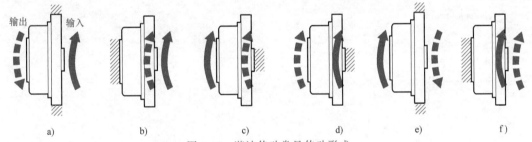

图 4-11　谐波传动常见传动形式

a）谐波发生器输入/柔轮输出　b）谐波发生器输入/刚轮输出　c）柔轮输入/刚轮输出
d）刚轮输入/柔轮输出　e）柔轮输入/谐波发生器输出　f）刚轮输入/谐波发生器输出

用正、负号代表转向，刚轮的齿数为 z_G，柔轮的齿数为 z_R，定义谐波传动的基本减速比 $R = z_R/(z_G - z_R)$。在谐波传动装置生产厂家的样本上，一般只给出基本减速比 R，用户使用时，需要根据实际安装方式计算相应的传动比。

1. 减速装置（刚轮固定/谐波发生器输入/柔轮输出）

减速装置如图 4-11a 所示，单级减速，结构简单，传动比范围大，效率较高，应用极广，减速比范围为 75～500。

谐波传动装置传动比计算可以参照周轮系中的少齿差行星齿轮传动，在整个传动系统的各部件上加载一个 $-\omega_H$，即系杆的反向运动速度，从而使系杆轴在空间不旋转，变成一个定轴运动系统，ω_H 即为谐波发生器的旋转角速度。传动比计算如下。

由 $\dfrac{\omega_G - \omega_H}{\omega_R - \omega_H} = \dfrac{z_R}{z_G}$ 可以得出

$$\frac{\omega_R - \omega_H}{-\omega_H} = \frac{z_G}{z_R}$$

所以

$$i_{RH}^G = \frac{\omega_R}{\omega_H} = \frac{-(z_G - z_R)}{z_R} = -\frac{1}{R}$$

2. 减速装置（柔轮固定/谐波发生器输入/刚轮输出）

减速装置如图 4-11b 所示，单级减速，结构简单，传动比范围大，效率较高，可用于中小型减速器，减速比范围为 75~500。

传动比计算如下。

由 $\dfrac{\omega_G - \omega_H}{\omega_R - \omega_H} = \dfrac{z_R}{z_G}$ 可以得出

$$-\frac{\omega_G}{\omega_H} + 1 = \frac{z_R}{z_G}$$

所以

$$i_{GH}^R = 1 - \frac{z_R}{z_G} = \frac{z_G - z_R}{z_G} = \frac{1}{R+1}$$

3. 减速装置（谐波发生器固定/柔轮输入/刚轮输出）

减速装置如图 4-11c 所示，单级微小减速，传动比准确，适用于高精度微调传动装置，减速比范围为 1.002~1.015。

传动比计算如下。

由 $\dfrac{\omega_G - \omega_H}{\omega_R - \omega_H} = \dfrac{z_R}{z_G}$ 可以得出

$$\frac{\omega_G - 0}{\omega_R - 0} = \frac{z_R}{z_G}$$

所以

$$i_{GR}^H = \frac{z_R}{z_G} = \frac{R}{R+1}$$

4. 增速装置（谐波发生器固定/刚轮输入/柔轮输出）

增速装置如图 4-11d 所示，由减速装置（谐波发生器固定/柔轮输入/刚轮输出）的传动比可以得到对应增速装置（谐波发生器固定/刚轮输入/柔轮输出）传动比为

$$i_{RG}^H = \frac{z_G}{z_R} = \frac{R+1}{R}$$

5. 增速装置（刚轮固定/柔轮输入/谐波发生器输出）

增速装置如图 4-11e 所示，由减速装置（刚轮固定/谐波发生器输入/柔轮输出）的传动比可以得到对应增速装置（刚轮固定/柔轮输入/谐波发生器输出）传动比为

$$i_{HR}^G = \frac{\omega_H}{\omega_R} = \frac{z_R}{-(z_G - z_R)} = -R$$

6. 增速装置（柔轮固定/刚轮输入/谐波发生器输出）

增速装置如图 4-11f 所示，由减速装置（柔轮固定/谐波发生器输入/刚轮输出）的传动

比可以得到对应增速装置（柔轮固定/刚轮输入/谐波发生器输出）传动比为

$$i_{HG}^{R} = \frac{z_G}{z_G - z_R} = R+1$$

4.2.2 谐波减速器的特点

由谐波传动装置的结构和原理可见，它与其他传动装置相比，主要有以下特点。

1. 承载能力强，传动精度高

双波谐波减速器同时啮合的齿数可达 30%，甚至更多些。而在普通齿轮传动中，同时啮合的齿数只有 2%~7%，直齿圆柱渐开线齿轮同时啮合的齿数只有 1~2 对。

谐波传动同时啮合齿数多，即承受载荷的齿数多，在材料和速比相同的情况下，承载能力要大大超过其他传动，其传递的功率范围可为几瓦至几十千瓦。

由于多齿啮合，齿距误差和累积齿距误差可得到较好均化。一般情况下，谐波齿轮与相同精度的普通齿轮相比，其传动精度能提高 4 倍左右。

虽然谐波减速器的传动精度比其他减速器要高很多，但目前它还只能达到角分级（2.9×10^{-4} rad $\approx 1'$），它与数控机床回转轴所要求的角秒级（4.85×10^{-6} rad $\approx 1''$）传动精度比较，仍存在很大差距，这也是目前工业机器人的传动精度普遍低于数控机床的主要原因之一。因此，谐波减速器一般不能直接用于数控机床的驱动和定位。

2. 传动比大，传动效率高

单级谐波减速器传动比可在 50~300 之间，优选在 75~250 之间。

与相同速比的其他传动相比，谐波传动由于运动部件数量少，而且啮合齿面的速度很低，因此效率很高，随速比的不同（60~250），效率约在 65%~96% 左右（谐波复波传动效率较低），齿面的磨损很小。

普通齿轮传动的推荐传动比一般为 8~10，传动效率大致为 0.9~0.98；行星齿轮传动的推荐传动比一般为 2.8~12.5，传动效率大致为 0.975~0.998；蜗杆传动的推荐传动比一般为 8~80，传动效率大致为 0.4~0.95；摆线针轮传动的推荐传动比一般为 11~87，传动效率大致为 0.9~0.95。

3. 结构简单，体积小，重量轻，使用寿命长

谐波传动的主要构件只有三个。它与传动比相当的普通减速器比较，其零件减少 50%，体积和重量均减少 1/3 左右或更多。

此外，由于谐波传动装置的柔轮齿在传动过程中进行的是均匀径向移动，齿间的相对滑移速度一般只有普通渐开线齿轮传动的 1%；加上同时啮合的齿数多，轮齿单位面积的载荷小，运动无冲击，因此，齿的磨损较小，传动装置使用寿命可长达 7000~10000h。

4. 传动平稳，无冲击，噪声小

谐波传动装置可通过特殊的齿形设计，使柔轮和刚轮的啮合、退出过程实现渐进渐出，啮合时的齿面滑移速度小，且无突变，因此，它的传动平稳，啮合无冲击，运行噪声小。

5. 安装调整方便

谐波传动装置只有刚轮、柔轮、谐波发生器三个基本部件，三者为同轴安装；刚轮、柔轮和谐波发生器可按部件的形式提供，由用户根据自己的需要，自由选择变速方式和安装方式，并直接在整机装配现场组装，其安装十分灵活、方便。此外，谐波传动装置的柔轮和刚轮啮合间隙可通过微量改变谐波发生器的外径调整，甚至可做到无间隙啮合，因此，它的传

动间隙通常非常小。采用密封柔轮谐波传动减速装置可以驱动工作在高真空、有腐蚀性及其他有害介质空间的机构，谐波传动这一独特的优点是其他传动机构难以达到的。

但谐波传动也有下述缺点：

1）起动力矩较大，速比越小越严重。

2）柔轮在运动中要长时期发生周期弹性变形，因此，对柔轮的材料、热处理技术要求较高，否则柔轮极易疲劳损坏。

3）当用谐波传动传递动力时，若结构参数选择不当易导致发热过大，故必要时需采用适当冷却措施。

4.2.3 Harmonic Drive 谐波减速器产品简介

1953 年，针对空间应用需求，美国的 C. W Musser 教授发明了谐波减速器，并于 1959 年获得美国专利，1960 年在纽约展出实物。由于谐波减速器具有回差小、单级减速比范围大、运动平稳、噪声低、传动效率高、承载力大、体积小、质量轻等多种其他减速器不具备的优点，因此一经问世就立刻引起了各国的普遍重视。近年来，由于各国对谐波传动广泛深入的研究和空间技术、能源、仿生、海洋开发等新兴科学技术发展的迫切需要，更促进了它的发展，并扩大了它的应用范围。目前除在上述新兴科技领域内得到广泛应用外，谐波减速器在工业机器人、飞机、医疗器械、通信、雷达、汽车、坦克、造船、机床、仪表、起重运输、轧钢以及印刷机械等领域内应用也在日益扩大。

Harmonic Drive System（哈默纳科）公司是日本一家著名的生产谐波减速器的专业公司，其产品商标为 Harmonic Drive，产量占全世界总产量的 15%左右。世界著名的工业机器人几乎都使用 Harmonic Drive System 公司生产的谐波减速器。

Harmonic Drive 谐波减速器不但是工业机器人的典型配套产品，而且也代表了当今世界谐波减速器的最高水准。由于不同类型的谐波减速器在工业机器人上都有应用，本书主要以 Harmonic Drive 为例介绍谐波减速器。

1. 按时间分类

工业机器人的生产时间不同，所配套的谐波减速器结构、性能和型号也不同。Harmonic Drive 谐波减速器主要产品根据时间分类有如下几种：

1）CSS 系列（1988 年）。CSS 系列 Harmonic Drive 谐波减速器采用 IH 齿形，实现了更高强度、更高刚度。与传统型号相比，强度、刚度和使用寿命均提高了 2 倍左右。目前，CSS 系列产品已停产，更换备件由 CSF 系列产品替代。

2）CSF 系列（1991 年）。它的特点是节省空间和总成本，与传统型号相比，轴方向的长度缩短约 1/2，整体厚度降低约 3/5，最大转矩提高约 2 倍，产品开始同时有组件型产品和易于组装的组合型产品。

3）CSG 系列（1999 年）。CSG 系列产品结构外形和同规格的 CSF 系列相同，其特点是高转矩和高稳定性，转矩容量比 CSF 系列提升 30%左右，使用寿命从 7000h 延长到 10000h 左右。

4）CSF 系列的型号 8、11（2000 年）。追加开发生产 CSF 系列的型号 8、11 实现了更进一步的小型化，强度、刚度均是传统型号的 2 倍左右，使用寿命是传统型号的 8 倍左右。

5）CSD 系列（2001 年）。CSD 系列更加超薄化，厚度为 CSF 系列的 1/2，并实现了更高的转矩和旋转精度。

6）CSF-5 * 规格（2002 年）、CSF-6 * 规格（2006 年）。这些产品的强度、刚度比早期产品提高了 2 倍，使用寿命提高了 8 倍。

7）更多新型产品（2012 年）。2012 年推出全系列简易组合型、超扁平中空轴结构的 SHD 组合型和提高转矩容量的齿轮箱型。

2. 按结构分类

工业机器人常用的 Harmonic Drive 谐波减速器根据组合结构还可分为组件型、组合型、简易组合型和齿轮箱型等。柔轮形状有杯形、礼帽形和薄饼形。Harmonic Drive 谐波减速器产品分类见表 4-1。

表 4-1　Harmonic Drive 谐波减速器产品分类

组件型	杯形	标准型 CSF、高转矩型 CSG、超扁平型 CSD	
	礼帽形	高转矩型 SHG、标准型 SHF	
	薄饼形	标准型 FB、高转矩型 FR	
组合型	杯形	标准型 CSF-2UH	标准型轻型 CSF-2UH-LW
		高转矩型 CSG-2UH	高转矩型轻型 CSG-2UH-LW
		中空轴超薄型 CSD-2UF、全组合型 CSG-2UK、高负载容量型 CSD-2UH、超扁平高刚性型 CSF-2UP	
		小容量型 CSFmini	超小型 CSFsupermini
	礼帽形	高转矩中空轴型 SHG-2UH	高转矩中空轴型轻型 SHG-2UH-LW
		中空轴型 SHF-2UH	中空轴型轻型 SHF-2UH-LW
		超扁平中空轴型 SHD-2UH	超扁平中空轴型轻型 SHD-2UH-LW
		高转矩轴输入型 SHG-2UJ、轴输入型 SHF-2UJ	
简易组合型	高转矩扁平中空轴型 SHG-2SH、扁平中空轴型 SHF-2SH、超扁平中空轴型 SHD-2SH 扁平型 SHF-2SO、高转矩扁平型 SHG-2SO		
齿轮箱型	标准型 CSF-GH、高转矩型 CSG-GH		

组件型谐波减速器仅由刚轮、柔轮和谐波发生器三个基本组件构成，用户可以根据需求自由组装。它的特点是规格齐全，使用灵活，安装方便，价格低，因此得到了广泛应用。

组合型谐波减速器将组件型减速器装盒，在输出侧内置精密交叉滚子轴承，可以直接驱动负载、减速器的组装由厂家完成，降低了组装难度和整体成本。它的特点是使用简单，安装方便，传动精度高，在工业机器人中很常用。

简易组合型谐波减速器是为了降低整体成本而将组合型中的输入输出法兰删除后形成的型号。它的特点是结构紧凑、使用方便，常用于机器人手腕和 SCARA 机器人。

齿轮箱型谐波减速器可以直接与驱动电动机连接，简化了减速器的安装，多用于电动机的轴向尺寸不受限制的后驱手腕和 SCARA 机器人。

3. 性能

Harmonic Drive 谐波减速器主要技术参数见表 4-2。

表 4-2　Harmonic Drive 谐波减速器主要技术参数

产品型号		减速比	额定转矩/N·m	平均输入转速/(r/min)	外径/mm	厚度/mm
组件型	CSF	30~160	0.9~3550	1200~3500	30~330	22.1~125
	CSG	50~160	7~1236	1900~3500	50~215	28.5~83

（续）

产品型号		减速比	额定转矩/N·m	平均输入转速/(r/min)	外径/mm	厚度/mm
组件型	CSD	50~160	3.7~370	2500~3500	50~170	11~33
	SHF	30~160	4~745	2200~3500	60~233	28.5~75.5
	SHG	50~160	7~1236	1900~3500	60~276	28.5~83
	FB	50~160	2.6~304	1700~3500	50~170	10.5~33
	FR	50~160	4.4~4470	1000~3500	50~330	18~101
组合型	CSF-2UH	30~160	4~951	1900~3500	73~260	41~115
	CSG-2UH	50~160	7~1236	1900~3500	73~260	41~115
	CSD-2UH	50~160	3.7~370	2500~3500	55~157	25~62.5
	CSD-2UK	50~160	51~1236	1900~3500	107~260	66~129
	CSD-2UF	50~160	3.7~206	3000~3500	70~170	22~45
	SHF-2UH	30~160	3.5~745	2200~3500	64~284	48~128
	SHG-2UH	50~160	7~1236	1900~3500	64~284	48~128
	SHD-2UH	50~160	3.7~206	3000~3500	74~175	45.5~65
	SHF-2UJ	30~160	4~745	2200~3500	74~284	35.5~114
	SHG-2UJ	50~160	7~1236	1900~3500	74~284	35.5~114
	CSFmini	30~100	0.25~7.8	3500~6500	20.4~51.1	19~54.4
	CSFsupermini	30~100	0.06~0.15	6500	13	13.5~15.4
简易组合型	SHF-2SO	30~160	4~745	2200~3500	70~240	28.5~75.5
	SHG-2SO	50~160	7~1236	1900~3500	70~276	28.5~83
	SHF-2SH	30~160	4~745	2200~3500	70~240	23.5~73
	SHG-2SH	50~160	7~1236	1900~3500	70~276	23.5~81.5
	SHD-2SH	50~160	3.7~206	3000~3500	70~170	17.5~33
齿轮箱型	CSF-GH	50~160	5.4~951	1900~3500	56~220	85~249
	CSG-GH	50~160	7~1236	1900~3500	56~220	85~249

4.3 Harmonic Drive 谐波减速器产品的结构与维护

本节主要以日本 Harmonic Drive System（哈默纳科）公司的谐波减速器产品 Harmonic Drive 介绍谐波减速器产品的结构与维护。

Harmonic Drive 谐波减速器使用注意事项如下：

1）根据规定精度和规定方法实施安装。组装方法、顺序应按产品目录正确实施。螺栓拧紧力矩应符合要求。若未正确组装或达不到规定精度，可能会导致运转时振动、缩短使用寿命、精度下降或损坏等。

2）使用规定的润滑剂。按规定的条件更换润滑剂。组合型产品已预先封入润滑脂，不要混入其他润滑脂。

3）不要使用锤子等用力敲打各部件及组合单元。

4）使用时，勿超出额定转矩。施加转矩不要超出瞬间额定最大转矩。否则可能会出现拧紧部螺栓松动，产生晃动、破坏等，导致故障；如果输出轴直接连接关节臂等，有可能因关节臂碰撞而导致破损，输出轴不能控制。

5）不要拆解组合型产品，否则将无法恢复其原有性能。

6）不要将手指插入前段部并转动减速器，否则手指可能会被齿轮绞入，造成意外受伤。

7）设备发出异常声音或出现振动、停止运转、出现异常发热及异常电流值时，应立即停止系统运行，否则可能会对系统造成严重影响。

4.3.1 组件型 Harmonic Drive 谐波减速器

1. 组件型 Harmonic Drive 谐波减速器的结构

组件型 Harmonic Drive 谐波减速器由谐波发生器、柔轮和刚轮组成。柔轮形状有杯形、礼帽形和薄饼形，柔轮底部（杯形底部）被称为膜片部，通常被安装在输出轴上。Harmonic Drive 的谐波发生器包括带自动调芯结构的欧式联轴器型和不带自动调芯结构的一体型两种类型，输入轴带动谐波发生器旋转。谐波发生器的基本结构如图 4-12 所示。

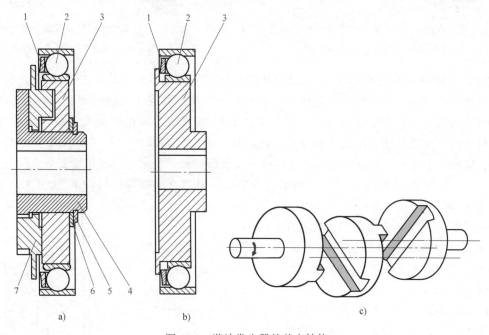

图 4-12　谐波发生器的基本结构

a）欧式联轴器型　b）一体型　c）欧式联轴器结构

1—轴承架　2—谐波发生器轴承　3—谐波发生器凸轮　4—谐波发生器轮毂　5—C 形卡环　6—摩擦垫圈　7—镶块

组件型 Harmonic Drive 谐波减速器包括 CSG/CSF 系列、CSD 系列、SHG/SHF 系列和 FB/FR 系列。

CSG/CSF 系列组件型 Harmonic Drive 谐波减速器结构相同，均采用谐波减速器的标准结构，谐波发生器为欧式联轴器型。CSG/CSF 系列组件型减速器的外形和结构如图 4-13 所示。

CSD 系列组件型是超薄型减速器。与 CSG/CSF 系列相比，轴向长度约缩短了 50%。谐波发生器为一体型，只有凸轮和轴承，输入轴直接与凸轮连接，因此轴向尺寸大大减小。它适用于对减速器厚度有要求的 SCARA 机器人。CSD 系列组件型减速器的外形和结构如

图 4-14 所示。

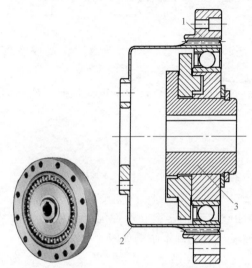

图 4-13 CSG/CSF 系列组件型减速器的外形和结构
1—刚轮 2—柔轮 3—谐波发生器

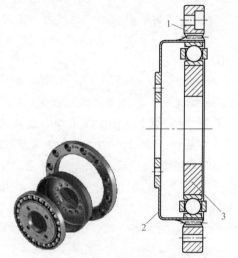

图 4-14 CSD 系列组件型的减速器的外形和结构
1—刚轮 2—柔轮 3—谐波发生器

　　SHG/SHF 系列是在 CSG/CSF 系列的基础上发展而来的，谐波发生器也是欧式联轴器型，这两个系列的基本性能十分相似。两个系列的主要差异在于柔轮的形状。SHG/SHF 系列的柔轮为大直径、中空开口的礼帽形。SHG/SHF 系列组件型虽然加大了减速器的外径，但它可为内部连接部件提供足够的安装空间，从而缩小传动部件（如机器人关节）的整体体积，同时由于柔轮安装直径增加，又可降低支承面的公差要求。它多用于安装空间受限的工业机器人手腕和 SCARA 机器人，如手腕后驱结构机器人的腕部回转轴 R 和 SCARA 机器人的中间关节，其内部都有中间传动轴，这就要求谐波减速器的输入轴为中空结构，以便布置其他轴的传动系统。SHG/SHF 系列组件型减速器的外形和结构如图 4-15 所示。

　　FB/FR 系列是薄饼形柔轮。薄饼形柔轮的形状与杯形柔轮底部截面的形状相同。FB 系列组件型构成组件为四件，薄饼形追加使用了一个与柔轮齿数相同的刚轮，用于与输出轴连接。刚轮 D 与柔轮的齿数相同，因此不会产生与柔轮相对的旋转，而是以与柔轮相同的速度旋转，用来替代柔轮的安装和连接。刚轮 S 与杯形减速器的刚轮相同，比柔轮齿数多出两齿。刚轮 S 和刚轮 D 的区分方法是：刚轮 D 的外周倒角比刚轮 S 的大。FB/FR 系列与 CSG/CSF 系列的工

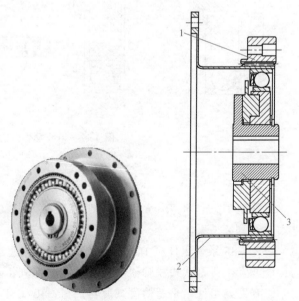

图 4-15 SHG/SHF 系列组件型减速器的外形和结构
1—刚轮 2—柔轮 3—谐波发生器

作原理相同。FR 系列是高转矩薄饼形，谐波发生器轴承呈两列配置，谐波发生器、柔轮和刚轮的厚度为同规格 FB 系列的两倍，因此减速器的刚性更好、输出转矩更大。其中 FR-80/100 大规格产品输出最大转矩可达 4470N·m，是目前 Harmonic Drive 谐波减速器中输出转矩最大的。FB/FR 系列减速器常用于大型搬运、装卸的机器人手腕。FB/FR 系列组件型减速器的外形和结构如图 4-16 和图 4-17 所示。

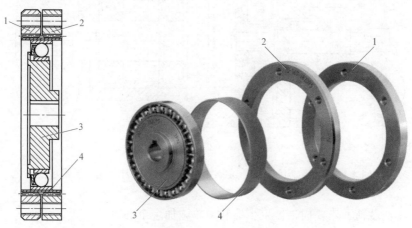

图 4-16　FB 系列组件型减速器的外形和结构

1—刚轮 D　2—刚轮 S　3—谐波发生器　4—柔轮

图 4-17　FR 系列组件型减速器的外形和结构

1—刚轮 D　2—刚轮 S　3—谐波发生器轴承　4—谐波发生器　5—柔轮

2. 组件型 Harmonic Drive 谐波减速器的设计与使用

（1）设计概要　为充分发挥 Harmonic Drive 谐波减速器的性能，设计和使用时的注意事项有以下几点（图 4-18）：

1）需要将输入轴、刚轮、输出轴及壳体设为同心。

2）柔轮会发生弹性变形，因此壳体内壁的尺寸应按照推荐尺寸设计。

3）输入轴和输出轴必须采用匹配的轴承，留有间隔做两点支承，并可承受轴上的所有

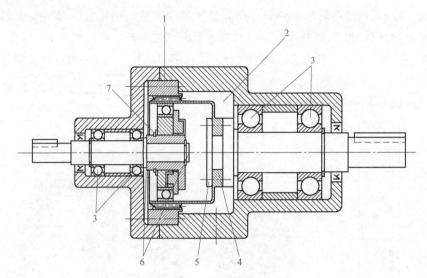

图 4-18　组件型 Harmonic Drive 谐波减速器的设计使用注意事项图

径向载荷、轴向载荷，不要向谐波发生器和柔轮施加多余的力。

4）由于 Harmonic Drive 是一种小型且能传递较大转矩的装置，因此需要对连接柔轮和输出轴的螺栓采取相适应的拧紧转矩进行紧固。

5）需要确保柔轮的安装用法兰直径不超出柔轮的轮毂孔直径，并在与膜片连接的法兰上加工圆角。

6）谐波发生器上会有细微的轴向力，因此需要阻止轴向动作。

7）使用 C 形卡环固定谐波发生器轮毂时，注意卡环的钩部不会与壳体接触。

（2）密封机构

1）旋转运动部位：油封（弹簧嵌入式），需要注意轴侧是否存在划痕等。

2）法兰装配面、嵌合：O 形环、密封剂，需要注意平面是否歪斜以及 O 形环的啮合情况。

3）螺钉部位：使用有密封效果的螺钉锁固剂或密封胶带。

密封部位和推荐密封方法见表 4-3。

表 4-3　密封部位和推荐密封方法

密封部位		推荐密封方法
输出侧	输出法兰中央的贯穿孔以及输出法兰装配面	使用 O 形环
	安装螺钉部位	有密封效果的螺钉锁固剂
输入侧	法兰装配面	使用 O 形环
	电动机输出轴	选用带油封的电动机。无油封时，应在电动机安装法兰上安装油封

3. 组件型 Harmonic Drive 谐波减速器的组装

（1）几何公差检查　谐波减速器更换或重新安装时，为确保谐波减速器的性能，需要检查支承件和连接件的几何公差。各系列各规格的组件型 Harmonic Drive 谐波减速器对安装支承面的公差需要满足生产厂家要求。由于 CSD 系列组件型减速器的谐波发生器输入轴需要直接连接凸轮，因此对输入轴的安装公差要求高于 CSG/CSF 系列。CSD 系列组件型减速器的安装要求如图 4-19 和表 4-4 所示。

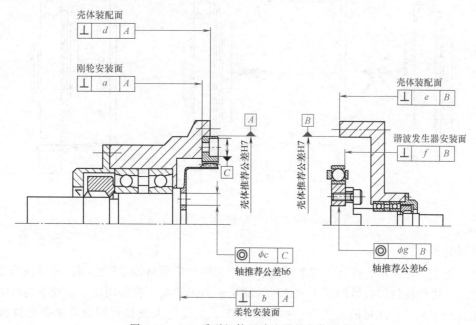

图 4-19　CSD 系列组件型减速器的安装要求

表 4-4　CSD 系列组件型减速器的安装要求　　（单位：mm）

规格	14	17	20	25	32	40	50
a	0.011	0.012	0.013	0.014	0.016	0.016	0.018
b	0.008	0.011	0.014	0.018	0.022	0.025	0.030
ϕc	0.015	0.018	0.019	0.022	0.022	0.024	0.030
d	0.011	0.015	0.017	0.024	0.026	0.026	0.028
e	0.011	0.015	0.017	0.024	0.026	0.026	0.028
f	0.008	0.010	0.010	0.012	0.012	0.012	0.015
ϕg	0.016	0.018	0.019	0.022	0.022	0.024	0.030

（2）三部件的组装步骤　三部件的组装步骤为：将刚轮和柔轮组合安装到装置上以后，再组装上谐波发生器。若使用其他方法进行组装，可能出现齿轮偏移状态下实施组装或损伤齿面等情况。

组装谐波发生器时应注意方向，不能从膜片（杯形底部）侧组装谐波发生器，否则柔轮和谐波发生器组合时，柔轮开口部的长轴部分会向外侧扩展。图 4-20 所示为 SHG/SHF 系列三部件的组装示意图。

1）柔轮的安装。柔轮的安装包括螺栓拧紧以及螺栓拧紧和销子并用两种方式。螺栓要求按厂家规定的转矩拧紧。负载转矩低于额定表的"起动停止时的峰值转矩"时，仅使用螺栓进行安装；负载转矩达到额定表的"瞬间最大转矩"时，采用螺栓拧紧和销子并用的

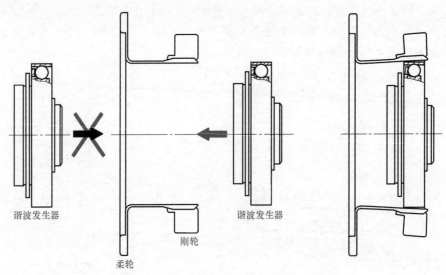

图 4-20　SHG/SHF 系列三部件的组装示意图

方式进行安装。

为了防止柔轮变形，连接柔轮和轴时，必须使用相应规格的专用垫圈，夹紧轴的支承端面和柔轮，再用连接螺栓紧固，不能通过普通垫圈压紧柔轮。安装用法兰直径不超出柔轮的轮毂孔，并在与膜片连接的法兰部位做圆角加工。直径过大或没有圆角可能会导致膜片破损。CSG/CSF 系列组件型减速器柔轮安装用垫圈和法兰如图 4-21 所示。

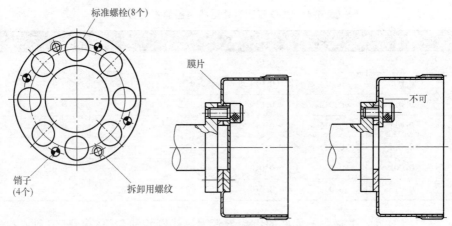

图 4-21　CSG/CSF 系列组件型减速器柔轮安装用垫圈和法兰

CSD 系列柔轮的安装如图 4-22 所示。CSD 系列柔轮使用螺栓直接安装。在柔轮内侧使用安装用法兰以及垫圈等组装谐波发生器时，接触到安装螺栓会使谐波发生器破损，所以必须使用螺栓直接安装。另外，螺栓的头部不应超出柔轮的轮毂孔直径，如果超出轮毂孔直径可能会导致膜片破损。

SHG/SHF 系列柔轮的安装使用螺栓拧紧方式，不要使螺栓头部等超越 ϕD 尺寸进入内侧。如图 4-23 所示。

2）刚轮的安装。对于厂家推荐各系列减速器螺栓和拧紧转矩产生的传递转矩，当负载

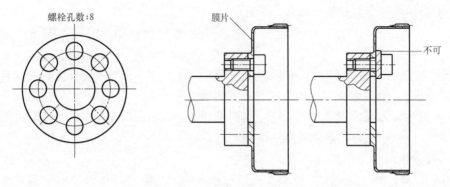

图 4-22 CSD 系列柔轮的安装

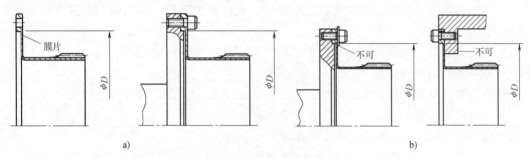

a)　　　　　　　　　　　　　　　　　　　b)

图 4-23 SHG/SHF 系列柔轮的安装

a）正确安装　b）错误安装

转矩大于该传递转矩时，考虑使用销子并用或追加螺栓。此外，刚轮的安装需要符合各系列的安装操作。

3）谐波发生器的安装。由于柔轮的弹性变形，运转中 Harmonic Drive 的谐波发生器上会产生轴向力。作为减速器使用时，轴向力朝向柔轮膜片（杯底）方向，需要将谐波发生器轴向力锁止。

对于 FB/FR 系列减速器，谐波发生器、柔轮和刚轮都可以轴向运动，安装时必须采取措施避免其轴向窜动，同时必须保证双刚轮谐波发生器输入轴孔的同心度及垂直度要求。FB/FR 系列减速器组装要领如图 4-24 所示。

① 组装尺寸精度。双刚轮谐波发生器输入轴孔的同心度为 0.03mm，垂直度为 0.05mm/100mm。

② 轴承。输入轴和输出轴必须采用匹配的轴承，留有间隔做两点支承，并可承受轴上的所有径向载荷、轴向载荷。

③ 轴向锁止。谐波发生器上会有细

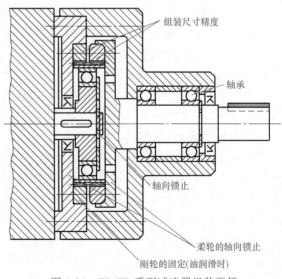

图 4-24 FB/FR 系列减速器组装要领

微的轴向力，因此需要阻止轴向动作。

④ 柔轮的轴向锁止。运转中柔轮会向刚轮 S 侧或 D 侧移动，应设置阻止柔轮偏移的结构。

⑤ 刚轮的固定（油润滑时）。必须固定刚轮 S。刚轮 D 不会与柔轮发生相对旋转，固定刚轮 D 后柔轮也不会发生旋转，不能进行充分润滑。

（3）三部件的组装注意事项　由于组装时的错误，Harmonic Drive 在运转时可能发生振动、异响等。应遵守下列注意事项实施组装：

1）谐波发生器的注意事项。

① 组装时避免向谐波发生器轴承部位施加过度的力。可通过使谐波发生器旋转顺畅地实施插入。

② 使用无欧式联轴器结构的谐波发生器时，应特别注意把中心偏移、歪斜的影响控制在各系列的"组装精度"推荐值内。

③ 不要使谐波发生器和柔轮安装螺栓发生接触。

2）刚轮和柔轮的注意事项。

① 确认安装面的平坦度是否良好，是否有歪斜。

② 确认螺栓孔部是否隆起、有残余飞边或有异物咬入。

③ 确认是否对刚轮和柔轮实施了倒角加工以及避让加工，以避免与外壳干涉。

④ 当刚轮组装至壳体后，确认其是否能够旋转，是否有些部位存在干涉、卡紧。

⑤ 朝安装用螺栓孔插入螺栓时，确认螺栓孔的位置是否正确、是否由于螺栓孔歪斜加工等原因导致螺栓与刚轮发生接触，使螺栓旋转变沉重。

⑥ 不要一次性按照规定转矩拧紧螺栓。先使用约为规定转矩 1/2 的力实施暂时拧紧，然后再按照规定转矩拧紧。通常按照对角线顺序依次拧紧螺栓。

⑦ 向刚轮打销子可能造成旋转精度较低，应尽可能避免。

⑧ 确认当柔轮与刚轮组合时，是否存在极端的单侧啮合。发生单侧偏移时，可能是由于两个部件发生中心偏移或歪斜。

⑨ 柔轮组装时，不要叩击开口部的齿轮前端或以过度力实施按压。

（4）齿轮啮合偏移状态　运转中受到过度的冲击转矩作用时，在柔轮等未发生破损的状态下，刚轮与柔轮齿轮的啮合会瞬间发生偏移，这种现象称为棘爪现象，此时的转矩称为棘爪转矩（棘爪转矩的数值可参阅各系列的相关产品手册）。如果发生棘爪现象仍继续使其运转，会由于棘爪现象发生时产生的磨损粉尘导致齿轮发生早期磨耗，缩短谐波发生器轴承的使用寿命。

如图 4-25a 所示，柔轮和刚轮的齿轮对称啮合状态为正常状态。但是，当出现棘爪现象，或把三部件勉强挤压安装在一起时，有可能会出现如图 4-25b 所示的齿轮啮合朝单侧偏移的情况。此时的状态称为齿轮啮合偏移状态。发生齿轮啮合偏移后如果继续运转，则有可能引起柔轮的早期疲劳破坏。

（5）齿轮啮合偏移的检查方法　齿轮啮合

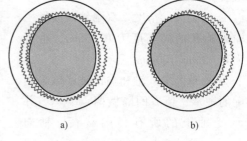

a)　　　　　　b)

图 4-25　齿轮啮合偏移

a）正常啮合状态　b）齿轮啮合偏移状态

偏移的检查方法如下：

1）根据转动谐波发生器时的转矩不均匀性进行检查。

① 在无负载状态下，用手轻轻转动输入轴。如果使用平均的力即可使其旋转，则视为正常。如果存在极为不均匀的情况，则表示有可能发生齿轮啮合偏移。

② 谐波发生器安装在电动机上时，应在无负载状态下使其旋转。电动机的平均电流值为正常啮合时电流值的约 2~3 倍时，则表示有可能发生齿轮啮合偏移。

2）测定柔轮中部跳动。如图 4-26 所示，正常组装时千分表的跳动为实线正弦波，但发生齿轮啮合偏移时，柔轮会向单侧偏移，因此其跳动可用虚线进行描绘。

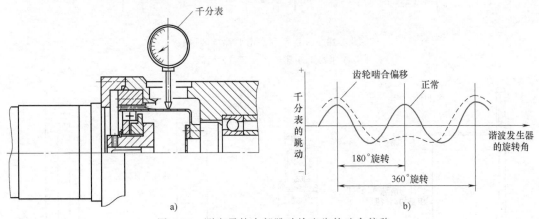

图 4-26　测定柔轮中部跳动检查齿轮啮合偏移

a）测定柔轮中部跳动　b）千分表的跳动波形

4. 组件型 Harmonic Drive 谐波减速器的润滑维护

工业机器人用的谐波减速器一般都采用润滑脂润滑。润滑脂的补充或更换时间与减速器的实际负载、转速和温度有关，三者越高，补充或更换时间越短。润滑脂型号、注入量和补充时间在减速器和机器人使用手册中一般都有具体要求，用户应按照生产厂家要求进行。

使用润滑脂润滑时，尽量留存在 Harmonic Drive 谐波减速器的内部。为避免在运转中润滑脂发生飞散，尽可能根据手册采用减速器和壳体内壁之间的推荐尺寸。CSG/CSF 系列润滑脂涂抹要领如图 4-27 所示。CSD 系列润滑脂涂抹要领如图 4-28 所示。SHG/SHF 系列润滑脂涂抹要领如图 4-29 所示。

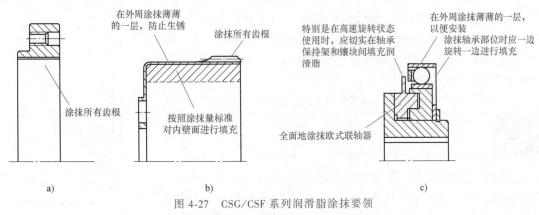

图 4-27　CSG/CSF 系列润滑脂涂抹要领

a）刚轮　b）柔轮　c）谐波发生器

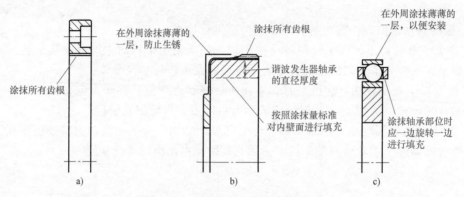

图 4-28　CSD 系列润滑脂涂抹要领
a）刚轮　b）柔轮　c）谐波发生器

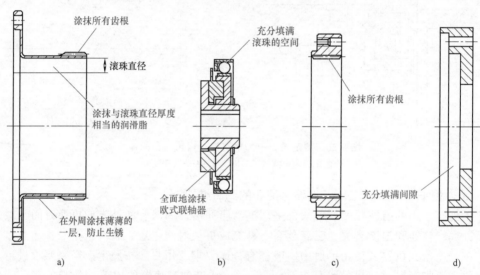

图 4-29　SHG/SHF 系列润滑脂涂抹要领
a）柔轮　b）谐波发生器　c）刚轮　d）输入盖罩（电动机法兰）

　　FB/FR 系列薄饼形减速器的润滑要求高于其他系列，需要使用润滑油进行润滑。使用 FB/FR 系列薄饼形减速器时，需要定期检查减速器的润滑油情况，保证润滑油的液面能够浸没轴承内圈，同时还需要保持轴心到液面的距离，防止油液的渗漏和溢出。FB/FR 系列薄饼形减速器润滑油油面位置如图 4-30 和表 4-5 所示，润滑油加至浸没轴承内圈。

表 4-5　FB/FR 系列薄饼形减速器润滑油油面位置　　　（单位：mm）

型号	14	20	25	32	40	50
A	7	12	15	19	24	29

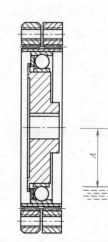

　　更换润滑油时间为：第 1 次，开始运转后 100h；第 2 次以后，在每运转 1000h 或每 6 个月更换一次。由于润滑脂的冷却效果差，断续短时间工作也可以使用润滑脂润滑，但要符合产品手册要求。

图 4-30　FB/FR 系列薄饼形减速器润滑油油面位置

4.3.2　组合型 Harmonic Drive 谐波减速器

1. 组合型 Harmonic Drive 谐波减速器的结构

组合型 Harmonic Drive 谐波减速器是在组件型减速器基础上派生出来的产品，其中杯形、礼帽形都有对应的组合型产品，薄饼形目前尚未有组合型产品。与组件型相比，它的特点是使用简单，安装方便，结构刚性好。

组合型 Harmonic Drive 谐波减速器主要包括 CSG/CSF 系列、CSD 系列、SHG/SHF 系列、SHD 系列、CSF-mini 系列和 CSF-supermini 系列。

另外，在 Harmonic Drive CSG/CSF-2UH、SHG/SHF-2UH 和 SHD-2UH 等系列组合型基础上追加了轻量系列 CSG/CSF-2UH-LW、SHG/SHF-2UH-LW 和 SHD-2UH-LW，通过优化形状设计和应用轻量材料，使产品质量与传统产品相比减少约 20%~30%，使工业机器人本身实现轻量化和高速化，提高了负载重量。

（1）CSG/CSF 系列　CSG/CSF 系列组合型是一种以 CSG/CSF 系列组件型为核心，内置用于直接支承外部负载的精密、具有高刚性的交叉滚子轴承（CRB）作为主轴承，并带有减速器安装座和输出轴连接法兰，可整体安装并直接驱动负载的组合体。CSG/CSF 系列组合型减速器的结构如图 4-31 所示。CSG/CSF 系列组合型减速器的刚轮、壳体和 CRB 采用了整体设计，刚轮齿直接加工在壳体上，并与 CRB 的外圈连为一体；柔轮通过连接板和 CRB 的内圈（输出法兰）连接。因此，通过壳体安装固定刚轮，以 CRB 的内圈替代柔轮连接输出轴；使用时只需根据实际要求固定壳体、连接输入/输出轴，无须考虑减速器内部组件的连接和支承、减速器润滑等问题。组合型谐波减速器使用方便，安装刚性好，维护简单，技术性能可得到充分保证。

（2）CSD 系列　CSD 系列超薄组合型谐波减速器是一种以 CSD 系列组件型为核心进行整体设计的组合产品，适用于对厚度有要求的 SCARA 机器人，其结构如图 4-32 所示，有 CSD-2UH 和 CSD-2UF 两个型号。谐波发生器只有凸轮和轴承，输

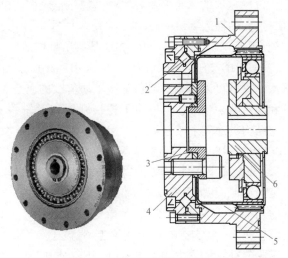

图 4-31　CSG/CSF 系列组合型谐波减速器的结构
1—刚轮　2—交叉滚子轴承（CRB）　3—连接板
4—输出法兰　5—柔轮　6—谐波发生器

入轴直接连接凸轮，但组合型谐波减速器通过高刚性、精密交叉滚子轴承（CRB）将刚轮和柔轮连接成统一的组合体，刚轮和 CRB 外圈结合后构成减速器的壳体，柔轮固定在 CRB 内圈上可以直接连接驱动负载的输出轴。

CSD-2UF 系列是中空轴超薄型谐波。CSD-2UF 和 CSD-2UH 相比，除了连接输出轴的 CRB 内圈是中空结构外，其他结构相同。中空轴结构一般适合柔轮大直径开口的礼帽形谐波减速器，杯形柔轮底面直径较小，中空轴将大大增加减速器外径，因此，只有中小规格产品。

（3）SHG/SHF 系列和 SHD 系列　SHG/SHF 系列和 SHD 系列都是礼帽形谐波减速器，

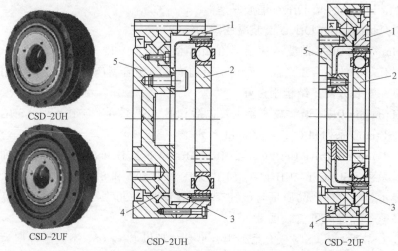

图 4-32　CSD 系列组合型减速器的结构（CSD-2UH 和 CSD-2UF）

1—刚轮　2—谐波发生器　3—柔轮　4—交叉滚子轴承（CRB）　5—输出法兰

柔轮呈大直径、开口状，同规格减速器的中空直径大致可达杯形 CSD-2UF 中空轴超薄组合型谐波减速器的 1.5 倍左右，产品规格也较多。SHG/SHF 系列减速器有中空轴（SHG/SHF-2UH）和轴输入（SHG/SHF-2UJ）两种基本结构，其中，SHG -2UH 和 SHG -2UJ 是高转矩系列产品，SHF-2UH 和 SHF-2UJ 是通用型产品。

1）SHG/SHF-2UH 系列。SHG/SHF-2UH 系列组合型谐波减速器带有中空轴和输出轴连接法兰，是可以整体安装和直接驱动负载的组合体。SHG/SHF-2UH 系列与组件型相比：刚轮和柔轮结构相同，但增加了连接刚轮和柔轮的 CRB；谐波发生器输入轴结构不同，采用中空结构贯通整个减速器。

SHG/SHF-2UH 系列减速器结构如图 4-33 所示。谐波发生器的中空轴前端面有螺孔用于连接输入轴；中间部分直接加工成谐波发生器的凸轮；前后两侧都安装有支承轴承，支承轴承分别安装在前端盖和后端盖上。减速器的前端盖与柔轮、CRB 的外圈连接成一体后，用于柔轮的安装和连接；减速器的后端盖与刚轮、CRB 的内圈连接成一体后，用于刚轮的安装和连接。

2）SHG/SHF-2UJ 系列。SHG/SHF-2UJ 系列减速器结构如图 4-34 所示。SHG/SHF-2UJ 系列组合型减速器带有标准键的输入轴和输出轴连接法兰，是可以整体安装和直接驱动负载的组合体。输入轴的前后支承轴承分别安装在减速器的前端盖和后端盖

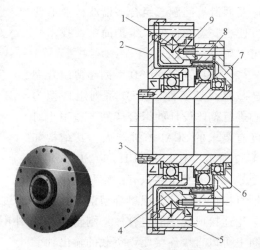

图 4-33　SHG/SHF-2UH 系列减速器结构

1—CRB　2—前端盖　3—中空轴　4—柔轮　5—CRB 外圈
6—谐波发生器　7—后端盖　8—刚轮　9—CRB 内圈

上，轴的中间部分用来固定谐波发生器的椭圆凸轮。减速器的其他结构与 SHG/SHF-2UH 系列中空轴减速器相同。带有标准键的输入轴可以直接安装同步带轮或齿轮，特别适用于机器

人的手腕摆动、SCARA 机器人的末端关节等。

（4）CSF-mini 系列和 CSF-supermini 系列　CSF-mini 系列和 CSF-supermini 系列专门用于小型、轻型工业机器人，常用于 3C 行业、电子产品、食品和药品等小规格搬运、装配及包装等工业机器人。

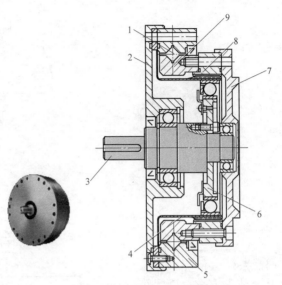

图 4-34　SHG/SHF-2UJ 系列减速器结构
1—CRB　2—前端盖　3—输入轴　4—柔轮　5—CRB 外圈
6—谐波发生器　7—后端盖　8—刚轮　9—CRB 内圈

CSF-mini 系列包括组合型（含轴输入型和轴孔输入型）和齿轮箱型（CSF-2HX）。轴输入型可支持皮带、齿轮和联轴器等输入形式，包括轴输入/轴输出型（CSF-1U）和轴输入/法兰输出型（CSF-1U-F）；轴孔输入型可以直接安装电动机，包括轴孔输入/轴输出型（CSF-1U-CC）和轴孔输入/法兰输出型（CSF-1U-CCF）；齿轮箱型是像普通齿轮箱一样与高性能小型伺服电动机组合使用的谐波减速器，相同尺寸的齿轮条件下，拥有最高的输出特性。CSF-mini 系列结构如图 4-35 所示。

轴输入/轴输出型（CSF-1U）谐波减速器是一个由端盖、壳体、输入轴组件、输出轴承和输出轴等部件构成的密封整体。其刚轮固定在壳体上；柔轮为杯形，柔轮和输出轴采用一体化设计，柔轮底部为输出轴；谐波发生器与输入轴连接。减速器的输入轴带有前后支承轴承，前轴承安装在端盖上，后轴承安装在输出轴上（柔轮）；减速器的输出轴与壳体间安装有 4 点接触滚珠轴承，可直接支承外部负载。

轴孔输入/法兰输出型（CSF-1U-CCF）取消了轴输入/轴输出型（CSF-1U）系列的前端盖和输入轴组件，谐波发生器的输入采用带紧定螺钉的螺孔连接；柔轮上没有输出轴，输出直接通过法兰连接。轴输入/法兰输出型（CSF-1U-F）和轴孔输入/轴输出型（CSF-1U-CC）则是相同结构下的另外两种组合形式。

齿轮箱型（CSF-2HX）为轴孔输入形式，带有正方形电动机安装座，有轴输出（CSF-2HX-J）和法兰输出（CSF-2HX-F）两个系列。齿轮箱型减速器除壳体形状不同外，其他组成结构与对应的轴孔输入/轴输出型（CSF-1U-CC）和轴孔输入/法兰输出型（CSF-1U-CCF）结构相同。

CSF-supermini 系列实际上是对 CSF-mini 系列的补充，安装使用都和 CSF-mini 系列相同，包括直接安装至伺服电动机的轴孔输入/轴输出的 CSF-1U-CC 和轴输入/轴输出的 CSF-1U 两种类型。

2. 组合型 Harmonic Drive 谐波减速器的组装

（1）检查几何公差　更换或重新安装谐波减速器时，需要检查谐波发生器输入轴和减速器输入法兰的公差要求，避免两者间出现不同轴或倾斜现象。CSG/CSF 系列组合型减速器的安装要求如图 4-36 和表 4-6 所示。各系列各规格的组合型 Harmonic Drive 谐波减速器对谐波发生器输入轴的安装公差需要满足生产厂家要求。

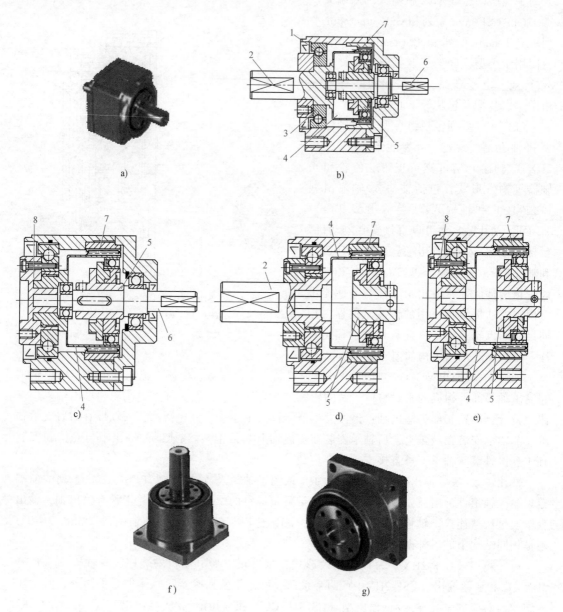

图 4-35　CSF-mini 系列结构

a) 轴输入/轴输出型外观　b) 轴输入/轴输出型结构　c) 轴输入/法兰输出型结构　d) 轴孔输入/轴输出型结构
e) 轴孔输入/法兰输出型结构　f) 轴输出齿轮箱型外观　g) 法兰输出齿轮箱型外观
1—4 点接触滚珠轴承　2—输出轴（低速轴）　3—旋转部　4—柔轮　5—谐波发生器　6—输入轴（高速轴）
7—刚轮（壳体）　8—输出法兰

（2）安装电动机　一般而言，CSG/CSF-2UH 系列组合型谐波发生器输入轴通常直接连接驱动电动机轴，在将电动机安装至组合型减速器的谐波发生器上时，必须使用电动机安装用法兰进行安装。CSG/CSF-2UH 系列谐波减速器电动机安装用法兰的推荐尺寸和精度如图 4-37 和表 4-7 所示。

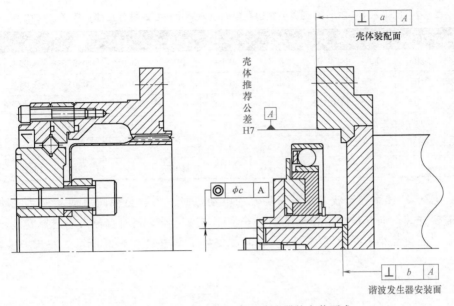

图 4-36　CSG/CSF 系列组合型减速器的安装要求

表 4-6　CSG/CSF 系列组合型减速器的安装要求　　　　（单位：mm）

规格	14	17	20	25	32	40	45	50	58
a	0.011	0.015	0.017	0.024	0.026	0.026	0.027	0.028	0.031
b	0.017	0.020	0.020	0.024	0.024	0.032	0.032	0.032	0.032
	* 0.008	* 0.010	* 0.010	* 0.012	* 0.012	* 0.012	* 0.013	* 0.015	* 0.015
c	0.030	0.034	0.044	0.047	0.050	0.063	0.065	0.066	0.068
	* 0.016	* 0.018	* 0.019	* 0.022	* 0.022	* 0.024	* 0.027	* 0.030	* 0.033

注：带 * 的数值是谐波发生器为一体型时的数值。

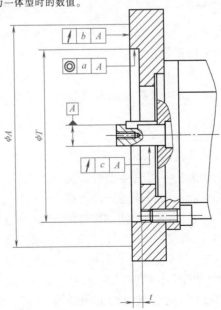

图 4-37　CSG/CSF-2UH 系列谐波减速器电动机安装用法兰的推荐尺寸和精度

表 4-7　CSG/CSF-2UH 系列谐波减速器电动机安装用法兰的推荐尺寸和精度　（单位：mm）

规格	14	17	20	25	32	40	45	50	58	65
a	0.03	0.04	0.04	0.04	0.04	0.05	0.05	0.05	0.05	0.05
b	0.03	0.04	0.04	0.04	0.04	0.05	0.05	0.05	0.05	0.05
c	0.015	0.015	0.018	0.018	0.018	0.018	0.021	0.021	0.021	0.021
ϕA	73	79	93	107	138	160	180	190	226	260
t	3	3	4.5	4.5	4.5	6	6	6	7.5	7.5
ϕT	38H7	48H7	56H7	67H7	90H7	110H7	124H7	135H7	156H7	177H7

　　CSG/CSF-2UH 系列谐波发生器安装驱动电动机时，为避免轴向窜动，驱动电动机的输出轴端需要安装轴向定位块，根据电动机安装面与减速器安装面直径大小选择安装步骤。当电动机安装面直径小于减速器安装面直径时，安装示意图如图 4-38 所示，安装步骤如下：

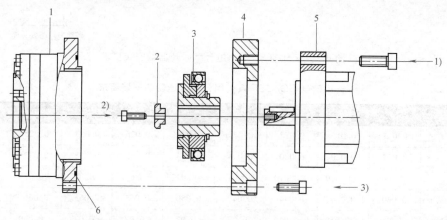

图 4-38　CSG/CSF-2UH 系列谐波减速器电动机安装示意图（电动机安装面直径小于谐波减速器安装面直径）
1—减速器　2—挡块　3—谐波发生器　4—法兰　5—电动机　6—O 形环

　　1）在电动机安装面上安装法兰。
　　2）将谐波发生器安装到电动机输出轴上。
　　3）安装组合型减速器。
　　当电动机安装面直径大于谐波减速器安装面直径时，安装示意图如图 4-39 所示，安装步骤如下：
　　1）将法兰安装至组合型减速器。
　　2）将谐波发生器安装到电动机输出轴上。
　　3）在电动机安装面上安装法兰（组合型谐波减速器主机）。
　　3. 组合型 Harmonic Drive 谐波减速器的润滑维护
　　组合型谐波减速器的标准润滑方法为润滑脂润滑。谐波减速器出厂前已封入润滑脂，用户首次使用不需涂抹润滑脂。长期使用时，可以根据谐波减速器或机器人生产厂家要求，定期补充润滑脂，润滑脂的型号、注入量和补充时间应按照生产厂家要求进行。
　　4.3.3　简易组合型 Harmonic Drive 谐波减速器
　　1. 简易组合型 Harmonic Drive 谐波减速器的结构
　　简易组合型 Harmonic Drive 谐波减速器是组合型的简化，刚轮、柔轮和谐波发生器 3 个

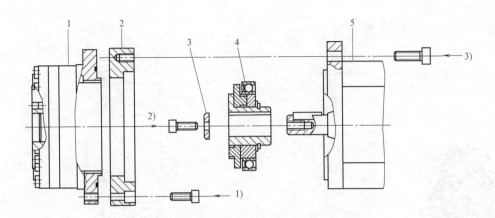

图 4-39　CSG/CSF-2UH 系列谐波减速器电动机安装示意图（电动机安装面直径大于减速器安装面直径）

1—减速器　2—法兰　3—挡块　4—谐波发生器　5—电动机

基本部件与交叉滚子轴承（CRB）整体设计为统一的组合体，但无壳体和输入/输出连接法兰或轴。简易组合型谐波减速器的柔轮形状为礼帽形。它的特点是结构紧凑、使用方便，常用于机器人手腕和 SCARA 机器人。

SHG/SHF 系列减速器有中空轴（SHG/SHF-2SH、SHD-2SH）和标准轴（SHG/SHF-2SO）两种基本结构，其中，SHG -2SH 和 SHG -2SO 是高转矩系列产品，SHF-2SH 和 SHF-2SO 是通用型产品，SHD-2SH 是超薄型产品。

（1）SHG/SHF-2SO 系列（标准轴）　SHG/SHF-2SO 系列简易组合型谐波减速器的结构如图 4-40 所示。与组件型 SHG/SHF 谐波减速器相比，其刚轮、柔轮和谐波发生器结构形状相同，但增加了一个连接刚轮和柔轮的交叉滚子轴承（CRB），CRB 的外圈与柔轮连接，内圈与刚轮连接，刚轮、柔轮和 CRB 成为一体，谐波发生器和组件型一样由用户安装。

（2）SHG/SHF-2SH 系列（中空轴）　SHG/SHF-2SH 系列简易组合型谐波减速器的结构如图 4-41 所示。SHG/SHF-2SH 系列简易组合型谐波减速器是在 SHG/SHF-2UH 系列中空轴组合型谐波减速器基础上派生的产品。与 SHG/SHF-2UH 系列中空轴组合型谐波减速器相比，SHG/SHF-2SH 系列简易组合型谐波减速器取消了前后端盖、中空轴的前后支承轴承以及相关的卡簧、密封等零部件，保留了刚轮、柔轮和 CRB 组成的统一体。谐波发生器输入轴为中空结构，轴的前端面上有连接输入轴用的螺孔；中间部分直接加工成谐波发生器的凸轮；前后两侧加工有安装支承轴承的台阶面。简易组合型谐波减速器的谐波发生器由用户安装，需要自行配置中空轴的前后支承轴承、卡簧等零部件。

（3）SHD-2SH 系列（超薄型）　SHD-2SH 系列中空轴超薄简易组合型谐波减速器的结构示意图如图 4-42 所示。谐波发生器采用的是组件型 CSD 系列超薄谐波减速器结构，只有中空椭圆凸轮和轴承，没有其他连接件，需要用户自己安装。柔轮、刚轮和 CRB 结构与 SHD-2UH 系列中空轴超薄组合型谐波减速器相同。

SHD-2SH 系列谐波减速器集其他系列超薄型部件于一体，是目前 Harmonic Drive 谐波减速器中厚度最小的，特别适合轴向长度限制严格的 SCARA 机器人关节驱动。

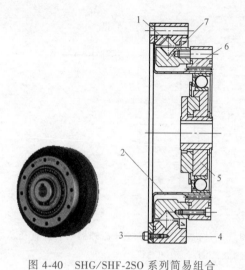

图 4-40 SHG/SHF-2SO 系列简易组合
型谐波减速器的结构

1—CRB 2—柔轮（输出） 3—螺栓
4—CRB 外圈 5—谐波发生器（输入）
6—刚轮（固定） 7—CRB 内圈

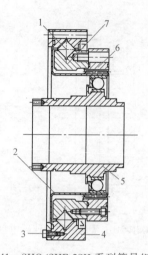

图 4-41 SHG/SHF-2SH 系列简易组合型
谐波减速器的结构

1—CRB 2—柔轮（输出） 3—螺栓
4—CRB 外圈 5—谐波发生器（输入）
6—刚轮（固定） 7—CRB 内圈

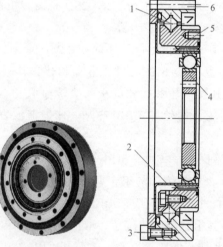

图 4-42 SHD-2SH 系列中空轴超薄简易组合型谐波减速器的结构示意图

1—CRB 2—柔轮（输出） 3—螺栓 4—谐波发生器
（输入） 5—刚轮（CRB 内圈） 6—CRB 外圈

2. 简易组合型 Harmonic Drive 谐波减速器的组装

简易组合型 Harmonic Drive 谐波减速器的组装注意事项与组件型谐波减速器相同，读者可参考相关章节。为保证性能，安装支承面和连接轴的公差尺寸应符合要求；将刚轮和柔轮组合安装到装置上后，再组装上谐波发生器，不能从膜片部侧组装谐波发生器。

3. 简易组合型 Harmonic Drive 谐波减速器的润滑维护

由于简易组合型谐波减速器在交货时交叉滚子轴承的外圈和柔轮呈暂时固定状态，因此要在柔轮的齿根及外周、刚轮的齿根上涂抹润滑脂，涂抹要领如图 4-43 和图 4-44 所示。润滑脂涂抹量为填充至超过轴承内壁或参考产品手册中各型号的涂抹量数据。润滑脂的补充或更换应按生产厂家要求进行。

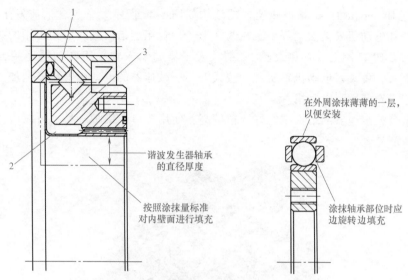

图 4-43　SHD 系列简易组合型减速器润滑脂涂抹要领

1—CRB（外圈）　2—柔轮　3—刚轮

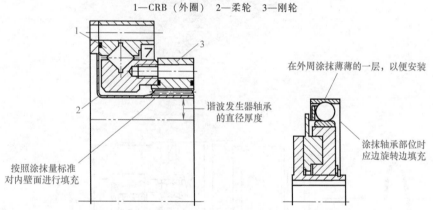

图 4-44　SHG/SHF 系列简易组合型减速器润滑脂涂抹要领

1—CRB（外圈）　2—柔轮　3—刚轮

4.3.4　齿轮箱型 Harmonic Drive 谐波减速器

1. 齿轮箱型 Harmonic Drive 谐波减速器的结构

齿轮箱型 Harmonic Drive 谐波减速器像普通齿轮减速箱一样，可简单、一按式安装到各厂商的伺服电动机上，实现谐波减速器和伺服电动机的一体化安装，从而简化机械设计，方便安装和维护。它主要有标准型（CSF-GH 系列）和高转矩型（CSG-GH 系列）两大系列，产品外观如图4-45 所示，输出形式有法兰连接和轴

a)　　　　　　　　b)

图 4-45　齿轮箱型 Harmonic Drive 谐波减速器产品外观

a）法兰连接形式　b）轴连接形式

连接两种。在工业机器人中，齿轮箱型 Harmonic Drive 谐波减速器一般用于电动机的轴向安装尺寸不受太多限制的后驱手腕和 SCARA 机器人。

齿轮箱型 Harmonic Drive 谐波减速器的结构如图 4-46 所示。它包含谐波发生器、CRB、输入轴联轴器和电动机安装法兰等，柔轮为杯形。齿轮箱型谐波减速器输出用的法兰或输出轴直接固定在 CRB 内圈上（连接柔轮）；谐波发生器的输入轴采用联轴器连接方式，轴端加工有弹性夹头，可夹紧电动机轴实现一按式安装。减速器的电动机安装座上加工有定位法兰和螺孔，用于安装固定电动机。

齿轮箱型谐波减速器的结构刚性好，精度高，使用简单，维护容易，可以广泛用于工业机器人和其他产品。

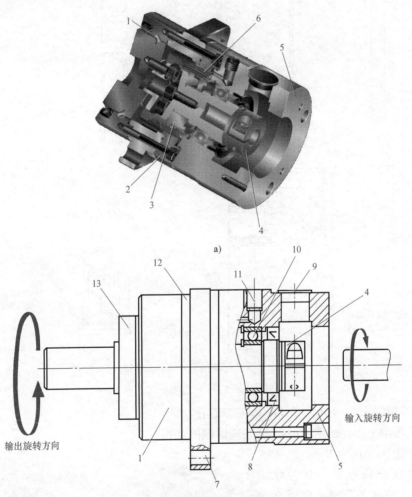

图 4-46　齿轮箱型 Harmonic Drive 谐波减速器的结构图

a）法兰连接　b）轴连接

1—CRB　2—刚轮　3—谐波发生器　4—一按式输入轴联轴器　5—电动机安装法兰　6—柔轮　7—连接用螺栓孔　8—油封　9—橡皮帽　10—密封轴承　11—润滑脂加油口（2 处）　12—安装凹圆部　13—输出轴

2. 齿轮箱型 Harmonic Drive 谐波减速器的组装

（1）传动形式　CSG/CSF-GH 系列齿轮箱型谐波减速器的输出旋转方向与输入旋转方向

相反，传动形式固定为：

1）输入：谐波发生器（电动机轴安装）。

2）固定：刚轮（机壳）。

3）输出：柔轮（CRB）。

（2）安装公差要求　安装 CSG/CSF-GH 系列齿轮箱型谐波减速器时，一般用 CRB 的外圈作为定位基准。CSG/CSF-GH 系列齿轮箱型谐波减速器安装公差要求如图 4-47 和表 4-8 所示。谐波减速器维修更换后，需要进行重新安装时，要检查并保证安装公差要求。

齿轮箱型谐波减速器的结构刚性好，对安装精度要求较低，谐波减速器重新安装或更换时，主要需要检查谐波减速器输出轴或输出法兰的公差，安装时要保证定位孔和定位面的平整、清洁，防止异物卡入。

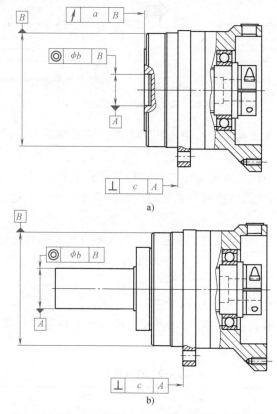

图 4-47　CSG/CSF-GH 系列齿轮箱型谐波减速器安装公差要求

a）法兰输出　b）输出轴输出

表 4-8　CSG/CSF-GH 系列齿轮箱型谐波减速器安装公差要求　（单位：mm）

规格	11	14	20	32	45	65
a	0.020	0.020	0.020	0.020	0.020	0.020
b	0.030	0.040	0.040	0.040	0.040	0.040
c	0.050	0.060	0.060	0.060	0.060	0.060

（3）组装到电动机的步骤　组装谐波减速器和电动机时，可以参考图 4-48，并按以下步骤实施。

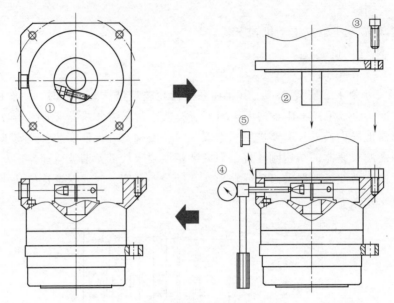

图 4-48　减速器和电动机的组装

1）取下拆装孔上的橡皮帽，转动输入轴联轴器，使联轴器上的弹性夹头的锁紧螺钉对准拆装孔。

2）将电动机小心地插入到减速器中。将减速器垂直放置，引导电动机轴滑入输入轴联轴器，勿使其被撞倒。减速器不能垂直放置时，可将螺栓一点一点均衡拧紧，防止电动机倾斜插入。

为了防止润滑脂泄漏，如果减速器安装方向为水平方向，则将橡皮帽侧朝上。若安装方向为输出轴朝下（电动机在上侧），且单方向以固定负载连续运转，则可能出现润滑不良的现象。

3）电动机和减速器的法兰用螺栓拧紧。

4）利用扭力扳手参照表 4-9 中的转矩值拧紧输入轴联轴器弹性夹头的锁紧螺钉，夹紧电动机轴。

表 4-9　拧紧转矩

螺钉规格	M3	M4	M5	M6	M8	M10	M12
拧紧转矩/（N·m）	2.0	4.5	9.0	15.3	37.2	73.5	128

5）安装附属零件橡皮帽后，组装完成。

3. 齿轮箱型 Harmonic Drive 谐波减速器的润滑维护

由于在出厂时已封入润滑脂，因此，组装时无须注入、涂抹润滑脂。润滑脂的补充或更换时间与减速器的实际负载、转速和温度有关，三者越高，补充或更换时间越短。润滑脂型号、注入量和补充或时间在减速器和机器人使用手册中一般都有具体要求，用户应按照生产厂家要求进行。

4. 齿轮箱型 Harmonic Drive 谐波减速器的选型

一般来讲，伺服系统几乎没有带着一定的负载连续运转的状态。输入转速和负载转矩会发生变化，起动、停止时也会有较大的转矩作用。此外，还会出现无法预期的冲击转矩。

通过将这些变动负载转矩换算为平均负载转矩，实施型号的选定。此计算选型方法也适用于其他系列谐波减速器。

此外，对于组合型 Harmonic Drive 谐波减速器，外部负载的直接支承部位（输出法兰）组装有精密交叉滚子轴承，因此，应确认最大负载静力矩、交叉滚子轴承的使用寿命以及静态安全系数。

（1）负载转矩模式的确认　首先，必须掌握负载转矩的模式。确认如图 4-49 所示的各负载转矩模式的参数值，包括负载转矩 T（N·m）、时间 t（s）和输出转速 n（r/min）。

1）通常运转模式

① 起动时 T_1、t_1、n_1。

② 正常运转时 T_2、t_2、n_2。

③ 停止（减速）时 T_3、t_3、n_3。

④ 停机时 T_4、t_4、n_4。

2）最高转速

① 最高输出转速 n_{omax}。

② 最高输入转速 n_{imax}。

3）冲击转矩。施加冲击转矩时 T_s、t_s、n_s。

4）要求实际运转条件下的使用寿命 L_h 大于等于使用寿命 L_{10}（谐波发生器使用寿命）。

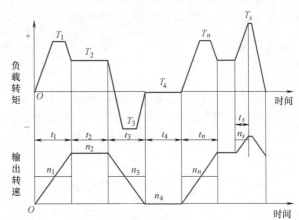

图 4-49　负载转矩和输出转速

（2）型号选定的步骤　根据以下步骤进行型号的选定，任何一个数值超过额定表的数值，都要重新考虑大一个的型号或考虑降低负载转矩等条件。

1）根据负载转矩模式计算出向 Harmonic Drive 输出侧施加的平均负载转矩 T_{av}（N·m），即

$$T_{av} = \sqrt[3]{\frac{n_1 t_1 |T_1|^3 + n_2 t_2 |T_2|^3 + \cdots n_n t_n |T_n|^3}{n_1 t_1 + n_2 t_2 + \cdots n_n t_n}}$$

根据 T_{av} 条件初步选定型号：$T_{av} \leqslant$ 平均负载转矩的容许最大值（参照各系列的额定表）。

2）转速条件。计算出平均输出转速 n_{oav}（r/min），即

$$n_{oav} = \frac{n_1 t_1 + n_2 t_2 + \cdots n_n t_n}{t_1 + t_2 + \cdots t_n}$$

根据电动机参数限定的 n_{imax}，确定减速比（R），即

$$\frac{n_{imax}}{n_{omax}} \geqslant R$$

根据平均输出转速（n_{oav}）和减速比（R）计算出平均输入转速 n_{iav}（r/min），即

$$n_{iav} = n_{oav} R$$

根据最高输出转速（n_{omax}）和减速比（R）计算出最高输入转速 n_{imax}（r/min），即

$$n_{imax} = n_{omax} R$$

确认初步选定的型号是否在额定表数值以内，即

$$n_{iav} \leqslant 容许平均输入转速（r/min）$$

$$n_{imax} \leqslant 容许最高输入转速 \ (r/min)$$

3）确认 T_1、T_3 是否处于额定表起动停止时的容许峰值转矩（N·m）数值以内。

4）确认 T_s 是否处于额定表的瞬间容许最大转矩（N·m）数值以内。

5）由于柔轮会反复发生弹性变形，因此 Harmonic Drive 的传递转矩是以柔轮齿底的疲劳强度为基准进行确定。额定转矩、起动停止时的容许峰值转矩的数值均为柔轮齿底疲劳界限以内的数值。瞬间容许最大转矩（冲击转矩）的数值是柔轮齿底疲劳界限以内的极限值，频繁超过瞬间容许最大转矩将可能发生疲劳破坏。因此为避免发生疲劳破坏，要对冲击转矩的次数设定限制。根据冲击转矩作用时谐波发生器的旋转，确定柔轮挠曲次数限制：1.0×10^4 次

根据施加冲击转矩时的输出转速 n_s 和时间 t_s，计算出容许次数 N，并确认是否符合使用条件。谐波发生器旋转 1 圈，柔轮挠曲 2 次。

$$N = \frac{10^4}{2 \times \dfrac{n_s R}{60} t_s} 次 < 1.0 \times 10^4 \ 次$$

6）计算出实际运转条件下使用寿命。Harmonic Drive 的使用寿命取决于谐波发生器轴承的使用寿命。与普通滚珠轴承相同，可通过转速和负载转矩计算出来。确认计算出的使用寿命时间是否高于谐波发生器的使用寿命时间（L_{10}）。实际运转条件下的使用寿命（L_h）的计算公式为

$$L_h = L_{10} \left(\frac{T_r}{T_{av}}\right)^3 \left(\frac{n_r}{n_{iav}}\right)$$

式中，n_r 是谐波减速器输入轴转速；T_r 是 2000r/min 或 3000r/min 转速所对应的额定转矩。

7）确定型号。各参数符合要求即可确定型号。

（3）选型实例 通常运转模式：起动时 $T_1 = 400$N·m、$t_1 = 0.3$s、$n_1 = 7$r/min；正常运转时 $T_2 = 320$N·m、$t_2 = 3$s、$n_2 = 14$r/min；停止（减速）时 $T_3 = 200$N·m、$t_3 = 0.4$s、$n_3 = 7$r/min；停机时 $T_4 = 0$N·m、$t_4 = 0.2$s、$n_4 = 0$r/min。最高转速：最高输出转速 $n_{omax} = 14$r/min；最高输入转速 $n_{imax} = 1800$r/min。冲击转矩：$T_s = 500$N·m、$t_s = 0.15$s、$n_s = 14$r/min。

1）根据负载转矩模式计算出向 Harmonic Drive 输出侧施加的平均负载转矩 T_{av}（N·m），即

$$T_{av} = \sqrt[3]{\frac{7r/min \times 0.3s \times |400N·m|^3 + 14r/min \times 3s \times |320N·m|^3 + 7r/min \times 0.4s \times |200N·m|^3}{7r/min \times 0.3s + 14r/min \times 3s + 7r/min \times 0.4s}}$$

$$= 319N·m$$

CSF-GH 额定表见表 4-10，表中额定输出转矩是按照输入转速保持在 2000r/min 或 3000r/min 时、使用寿命 $L_{10} = 7000$h 的数值进行设定的。

表 4-10 CSF-GH 额定表

型号	减速比	平均负载转矩/N·m	起动停止时的容许峰值转矩/N·m	瞬间容许最大转矩/N·m	容许最高输入转速/(r/min)	输入 3000r/min 时的额定输出转矩/N·m	输入 2000r/min 时的额定输出转矩/N·m	允许平均输入转速/(r/min)均正
45	50	265	500	950	3800	154	176	3000
	80	390	706	1270		273	313	
	100	500	755	1570		308	353	
	120	620	823	1760		351	402	
	160	630	882	1910		351	402	

$T_{av} = 319N \cdot m \leqslant 620N \cdot m$，暂时选定 CSF-45-120-GH。

2）计算出平均输出转速 n_{oav}（r/min），即

$$n_{oav} = \frac{7r/min \times 0.3s + 14r/min \times 3s + 7r/min \times 0.4s}{0.3s + 3s + 0.4s + 0.2s} = 12r/min$$

确定减速比（R），即

$$\frac{1800r/min}{14r/min} = 128.6 \geqslant 120$$

根据平均输出转速（n_{oav}）和减速比（R）计算出平均输入转速 n_{iav}（r/min），即

$$n_{iav} = 12r/min \times 120 = 1440r/min$$

根据最高输出转速（n_{omax}）和减速比（R）计算出最高输入转速 n_{imax}（r/min），即

$$n_{imax} = 14r/min \times 120 = 1680r/min$$

确认暂时选定的型号是否在额定表数值以内。

$$n_{iav} = 1440r/min < 3000r/min \text{（型号 45 的容许平均输入转速）}$$

$$n_{imax} = 1680r/min < 3800r/min \text{（型号 45 的容许最高输入转速）}$$

3）确认 T_1、T_3 是否处于额定表起动、停止时的容许峰值转矩（N·m）数值以内。

$$T_1 = 400N \cdot m < 823N \cdot m \text{（型号 45 起动、停止时的容许峰值转矩）}$$

$$T_3 = 200N \cdot m < 823N \cdot m \text{（型号 45 起动、停止时的容许峰值转矩）}$$

4）确认 T_s 是否处于额定表的瞬间容许最大转矩（N·m）数值以内。

$$T_s = 500N \cdot m < 1760N \cdot m \text{（型号 45 的瞬间容许最大转矩）}$$

5）根据施加冲击转矩时的输出转速 n_s 和时间 t_s，计算出容许次数 N，并确认是否符合使用条件。

$$N = \frac{10^4}{2 \times \dfrac{14r/min \times 120}{60} \times 0.15s} = 1190 \text{ 次} < 1.0 \times 10^4 \text{ 次}$$

6）计算出使用寿命。

$$L_h = 7000 \times \left(\frac{402N \cdot m}{319N \cdot m}\right)^3 \times \left(\frac{2000r/min}{1440r/min}\right) h = 19457h > 7000h$$

确认计算出的使用寿命高于谐波发生器的使用寿命时间（7000h）。

7）因此根据上述计算结果选定 CSF-45-120-GH。

思考与练习

1. 谐波减速器有哪 3 个基本构件组成？
2. 简述谐波减速器的减速原理。
3. 柔轮有哪几种连接方式？
4. 谐波传动常见的传动形式有哪些？减速比怎么计算？
5. 简述谐波减速器的特点。
6. 组件型 Harmonic Drive 谐波减速器的特点是什么？
7. 组合型 Harmonic Drive 谐波减速器的特点是什么？
8. 简易组合型 Harmonic Drive 谐波减速器的特点是什么？

9. 齿轮箱型 Harmonic Drive 谐波减速器的特点是什么？

10. Harmonic Drive 谐波减速器根据柔轮形状分为哪几种？特点是什么？

11. 组件型 Harmonic Drive 谐波减速器的组装步骤是什么？

12. 简述组件型 Harmonic Drive 谐波减速器的组装注意事项。

13. 什么是谐波减速器的齿轮啮合偏移？如何检测？

14. 齿轮箱型 Harmonic Drive 谐波减速器组装电动机的步骤是什么？

第5章
RV 减速器的结构与维护

学习目标

1. 熟悉 RV 减速器的结构与原理。
2. 了解 RV 减速器的减速比计算。
3. 了解 RV 减速器的特点。
4. 熟悉 Nabtesco RV 减速器产品的分类及结构。
5. 熟悉 Nabtesco RV 减速器产品的组装与维护。

RV 减速器是工业机器人的重要部件，本章重点介绍了 RV 减速器的结构与原理，以 Nabtesco RV 减速器为例介绍了 RV 减速器的产品与维护，使学生全面理解 RV 减速器的应用与维护。

5.1　RV 减速器的结构与原理

5.1.1　RV 减速器的结构

RV 减速器是由一个渐开线行星齿轮减速机构的前级和一个摆线针轮减速机构的后级组成的两级减速机构串联结构，RV 是 Rotary Vector（旋转矢量）的缩写。

RV 减速器的径向结构可分为三层，由内向外依次为渐开线行星轮层、RV 齿轮层（包括 RV 齿轮、支承法兰、输出法兰和曲柄轴）和针轮层，三层部件均可独立旋转。RV 减速器爆炸图如图 5-1 所示。

RV 减速器主要由输入轴、行星齿轮、曲柄轴、RV 齿轮（摆线轮）、输出和针轮轴等零部件组成。

（1）输入轴　输入轴的一端与电动机相连，另一端是渐开线行星轮层的太阳轮。它负责输入功率。

（2）行星齿轮　行星齿轮与太阳轮啮合并与曲柄轴固连，两个或三个行星齿轮均匀地分布在一个圆周上，起功率分流的作用，即将输入功率分成两路或三路传递给摆线针轮行星机构。行星齿轮的数量与减速器的规格有关，小规格减速器一般布置两个，中、大规格减速器布置三个。

（3）曲柄轴　曲柄轴是摆线轮的旋转轴。它的一端与行星齿轮一般用花键相连接；另一端为两段偏心轴，通过滚针轴承可以带动两个不同心的 RV 齿轮。

（4）RV 齿轮（摆线轮）　为了实现径向力的平衡，在该传动机构中，一般应采用两个完全相同的 RV 齿轮，分别安装在曲柄轴上。RV 齿轮的偏心位置相互成为 180° 对称。当曲柄轴回转时，RV 齿轮在对称方向进行摆动，所以 RV 齿轮又称为摆线轮。

由于 RV 齿轮上齿廓曲线的特点及其受针轮限制之故，RV 齿轮的运动成为既有公转又有自转的平面运动，在输入轴正转一周时，偏心套也转动一周，RV 齿轮在相反方向上转过

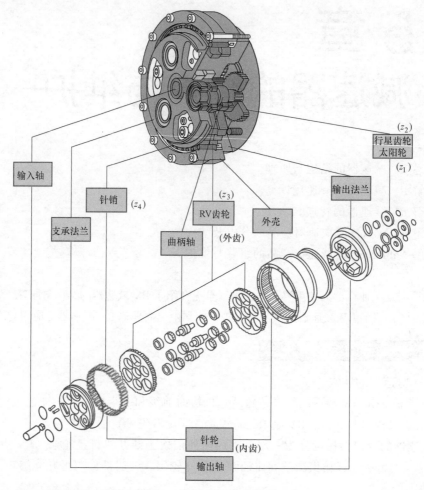

图 5-1 RV 减速器爆炸图

一个齿差，从而实现减速，再借助输出机构，将 RV 齿轮的低速自转运动通过针销传递给输出轴，最终获得较低的输出转速。

（5）输出轴 输出轴由支承法兰和输出法兰组成。输出法兰与支承法兰通过定位销和连接螺钉连成一体。支承法兰和输出法兰之间安装有驱动 RV 齿轮摆动的曲柄轴。在支承法兰上均匀分布着两个或三个曲柄轴的轴承孔，曲柄轴的支承端借助圆锥滚子轴承安装在这个支承法兰上。

（6）针轮 在针轮的内圈上安装有针销，针轮外侧加工有法兰，用于减速器的安装固定，成为减速机壳体。当 RV 齿轮摆动时，针销推动针轮缓慢旋转。

5.1.2 RV 减速器的原理

RV 减速器是由一个渐开线行星齿轮减速机构的前级和一个摆线针轮减速机构的后级组成的两级减速机构串联结构。

（1）第 1 级减速机构 第 1 级减速机构为渐开线行星齿轮减速机构（即直齿轮减速机构），如图 5-2 所示。输入轴的旋转从太阳轮传递到行星齿轮，按齿数比进行减速。

（2）第 2 级减速机构 第 2 级减速机构为差动齿轮减速机构（即摆线针轮减速机构）。

行星齿轮与曲柄轴相连接，为第 2 级减速机构的输入，曲柄轴与行星齿轮以相同的转速旋转。在曲柄轴的偏心部分，为了平衡作用力，通过滚针轴承安装两个 RV 齿轮。如果曲柄轴旋转，则安装在偏心部分的 RV 齿轮也进行偏心运动。曲柄轴单元如图 5-3 所示。另一方面，在外壳内侧的销槽中设有以等距离排列的销，其数目比 RV 齿轮的齿数多 1 个。

如果曲柄轴旋转 1 圈，RV 齿轮在与针销接触的同时进行 1 圈的偏心运动（曲柄轴运动），结果 RV 齿轮沿着与曲柄轴的旋转方向相反的方向上旋转 1 个齿数的距离，如图 5-4 所示。

RV 齿轮和针轮通过针销传动，当 RV 齿轮摆动时，针销可推动针轮缓慢旋转，减速比等于针销的个数。RV 齿轮和针轮构成了减速器的第 2 级减速机构，即差动齿轮减速机构。

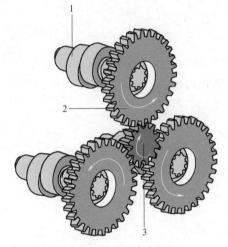

图 5-2　第 1 级减速机构

1—曲柄轴　2—行星齿轮　3—太阳轮

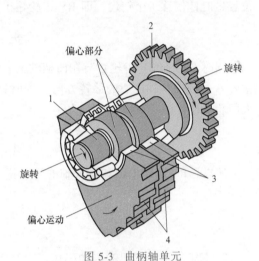

图 5-3　曲柄轴单元

1—曲柄轴　2—行星齿轮　3—滚针轴承　4—RV 齿轮

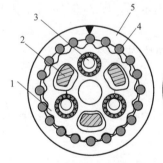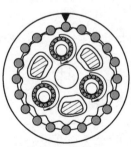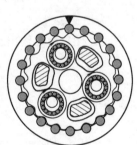

曲柄轴 旋转角0°　　　　旋转角180°　　　　旋转角360°

图 5-4　第 2 级减速机构

1—RV 齿轮　2—轴　3—曲柄轴（与行星齿轮连接）　4—针销　5—外壳

5.2　RV 减速器常见的传动形式与应用

5.2.1　RV 减速器传动比及常见的传动形式

1. RV 减速器的传动比

假设太阳轮的齿数为 z_1，行星齿轮的齿数为 z_2，RV 齿轮的齿数为 z_3，针轮的齿数为 z_4，且 RV 齿轮和针轮的齿差为 1，即 $z_4 - z_3 = 1$。

（1）RV 齿轮固定/针轮输出/太阳轮输入　曲柄轴（行星齿轮）/太阳轮的传动比为 $-z_1/z_2$；当曲柄轴带动 RV 齿轮转动 1 周时，相对于销齿轮反方向转动 1 个销齿，即针轮输出/曲柄轴的传动比为 $1/z_4$。

所以针轮输出/太阳轮输入总传动比为

$$i = -\frac{z_1}{z_2} \times \frac{1}{z_4}$$

（2）针轮固定/RV 齿轮输出/太阳轮输入　一方面，输入轴的 (z_2/z_1) 360° 逆时针旋转，可以驱动曲柄轴产生 360° 的顺时针旋转，使 RV 齿轮 0° 基准齿相对于固定针轮的基准位置逆时针偏移 1 个销齿，即 RV 齿轮输出角度为

$$\theta_o = \frac{1}{z_4} \times 360°$$

同时，由于 RV 齿轮套装在曲柄轴上，当 RV 齿轮偏转时，也将使曲柄轴的中心逆时针偏转 θ_o；因曲柄轴中心的偏转方向（逆时针）与输入轴转向相同，因此相对于固定的针轮，太阳轮所产生的相对回转角度为

$$\theta_i = \left(\frac{z_2}{z_1} + \frac{1}{z_4} \right) \times 360°$$

所以，RV 齿轮输出和输入轴的转向相同。RV 齿轮输出/太阳轮输入的传动比将变为

$$i = \frac{\theta_o}{\theta_i} = \frac{1}{1 + \frac{z_2}{z_1} \cdot z_4}$$

2. RV 减速器常见的传动形式

根据外壳、输入轴和输出轴的不同安装方式，RV 减速器可以组合出六种传动形式。图 5-5 中实心箭头为输入，空心箭头为输出，斜线阴影为固定轴。图 5-5a~c 所示为减速装置，图 5-5d~f 所示为增速装置。

定义针轮固定/RV 齿轮输出/太阳轮输入的基本减速比为

$$R = 1 + \frac{z_2}{z_1} \cdot z_4$$

各种情况下的传动比 i 为正值表示输入与输出为相同方向；为负值则表示输入与输出为相反方向。

图 5-5 所示各种传动形式的输出/输入传动比如下：

1）外壳固定/输出轴输出/输入轴输入，相当于针轮固定/RV 齿轮输出/太阳轮输入：$i = 1/R$。

2）输出轴固定/外壳输出/输入轴输入，相当于 RV 齿轮固定/针轮输出/太阳轮输入：$i = -\frac{z_1}{z_2} \cdot \frac{1}{z_4} = -\frac{1}{R-1}$。

3）输入轴固定/输出轴输出/外壳输入，相当于太阳轮固定/RV 齿轮输出/针轮输入：$i = \frac{R-1}{R}$。

4）外壳固定/输入轴输出/输出轴输入：$i = R$。

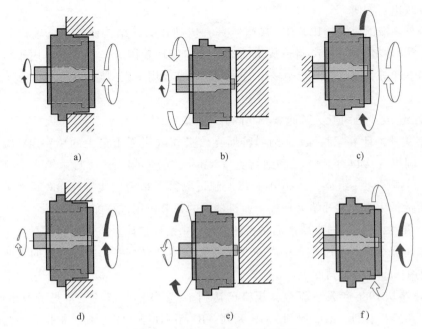

图 5-5　RV 减速器常见传动形式

a）外壳固定/输出轴输出/输入轴输入　b）输出轴固定/外壳输出/输入轴输入　c）输入轴固定/输出轴输出/外壳输入

d）外壳固定/输入轴输出/输出轴输入　e）输出轴固定/输入轴输出/外壳输入　f）输入轴固定/外壳输出/输出轴输入

5）输出轴固定/输入轴输出/外壳输入：$i = -(R-1)$。

6）输入轴固定/外壳输出/输出轴输入：$i = \dfrac{R}{R-1}$。

5.2.2　RV 减速器的特点

RV 减速器较机器人中常用的谐波传动具有高得多的疲劳强度、刚度和寿命，而且回差精度稳定，不像谐波传动那样随着使用时间增长，运动精度会显著降低。

1）传动比大。由于 RV 减速器有行星齿轮和差动齿轮两级变速，其传动比不仅比传统的普通齿轮传动、行星齿轮传动、蜗杆传动以及摆线针轮传动大，而且还可做得比谐波齿轮传动的传动比更大。

2）结构刚性好。减速器的针轮和 RV 齿轮间通过直径较大的针销齿传动，曲柄轴采用的是滚针轴承支承，所以减速器的结构刚性好，使用寿命长。

3）输出转矩高。RV 减速器的行星齿轮变速一般有 2~3 个行星齿轮；差动变速采用的是硬齿面多齿销同时啮合，且其齿差固定为 1 齿，因此在体积相同时，其齿形可比谐波减速器做得更大，输出转矩更高。

4）传动效率高。传动零件刚度高，接触应力小，零件加工和安装易于实现高精度，使传动的效率很高。

5）体积小，重量轻。RV 减速器结构十分紧凑，因此其结构体积小，重量轻。

但是，RV 减速器的内部结构远比谐波减速器复杂，且有行星齿轮和差动齿轮两级变速，传动间隙较大，其定位精度一般不及谐波减速器。此外，由于 RV 减速器的结构复杂，它不能像谐波减速器那样直接以部件的形式由用户在工业机器人的生产现场自行安装，使用也不及谐波减速器方便。

总之，与谐波减速器相比，RV 减速器具有传动比大、结构刚性好、输出转矩高等优点，但其传动精度较低、生产制造成本较高、维护修理较困难，因此它多用于机器人上的腰、上臂和下臂等大惯量、高转矩输出的关节减速，或用于大型搬运和装配工业机器人手腕减速。

5.2.3　Nabtesco 公司 RV 减速器产品简介

2003 年 9 月，日本 Nabtesco（纳博特斯克）公司（世界上最大的精密 RV 减速器制造商）由帝人制机（1944 年成立）和纳博克（Nabco，1956 年生产了日本第一个自动门）这两家日本公司强强合并组成。1980 年，帝人制机取得了精密摆线针轮 RV 减速器专利，于1986 年开始批量生产，并开始为现代工业机器人的关节应用进行配套。

至 2015 年 12 月，公司主要产品精密减速器 RV 系列累计生产达到 600 万台。日本 Nabtesco 精密减速器全球市场占有率稳居 60%，持续保持世界第一。世界著名的工业机器人产品几乎都使用 Nabtesco 公司的 RV 减速器。

RV 减速器从 1986 年发售至今，规格已达到 10 多种，在市场上常见的有 RV-E 系列、RV-C 系列、RV-N 系列、RD2 系列、GH 系列、RS 系列以及 AF 系列，根据产品基本结构形式，主要分成组件型、齿轮箱型和 RV 减速器/驱动器集成型（AF 系列）。本书主要介绍组件型和齿轮箱型，见表 5-1。

表 5-1　RV 减速器产品分类

	基本型 RV 系列
组件型	标准型 RV-E 系列
	中空型 RV-C 系列
	紧凑型 RV-N 系列
齿轮箱型	标准型 RD2 系列（RDS 直接输入型，RDR 直交输入型和 RDP 传动输入型）
	高速型 GH 系列
	重载型 RS 系列

1. 组件型

组件型 RV 减速器是功能组件形式的产品。在组件型减速器中，RV 基本型减速器采用如图 5-1 所示的基本结构。减速器无外壳和输出轴承，减速器的安装固定和输入/输出连接由针轮、输入轴和输出法兰实现；针轮和输出法兰间的支承轴承需要用户自行安装。

标准型 RV-E 系列减速器（图 5-6）为减速器 RV 系列中的实心系列减速器；中空型 RV-C 系列减速器（图 5-7）为 RV 系列减速器的空心系列减速器。从结构上来看，中空型 RV-C 系列减速器的中心有一个中空齿轮，电缆或齿轮等零部件可以从中穿过。标准型 RV-E 系列减速器和中空型 RV-C 系列减速器主要用在多关节工业机器人及其附加轴（变位机等）。由于这种应用对减速器的体积和重量限制大，故标准型 RV-E 系列减速器和中空型 RV-C 系列减速器均是组件形式，使用时需要客户自行加工外部法兰并自行充入油脂。

　　紧凑型 RV-N 系列减速器为 RV 系列减速器中的最新系列产品，如图 5-8 所示。与标准型 RV-E 系列减速器同样性能指标的情况下，其体积缩小 8%～20%，重量减轻 16%～36%。紧凑型 RV-N 系列减速器由于其体积小，重量轻，广受机器人厂家欢迎，众多新一代的机器人中都已使用此系列减速器。

图 5-6　标准型 RV-E 系列减速器　　图 5-7　中空型 RV-C 系列减速器　　图 5-8　紧凑型 RV-N 系列减速器

2. 齿轮箱型

　　齿轮箱型 RV 减速器设计有直接连接驱动电动机的安装法兰和电动机轴的连接部件，它可像齿轮减速箱一样，直接安装和连接驱动电动机，实现减速器和驱动电动机的结构整体化，以简化减速器的安装。

　　RD2 系列减速器（图 5-9）为 RV 系列减速器中使用最为方便的产品。RD2 系列是以 RV-E 系列和 RV-C 系列减速器为核心，加上锥齿和法兰，配合轴套，实现各种电动机的自由选配和不同场合的安装形式，无须额外制作齿轮和密封。RD2 系列根据安装方式，可分为直接输入型、直交输入型和传动输入型，每种安装方式都有实心型和空心型两种结构。RD2 系列主要应用于变位机的转台等场合。

a)　　　　　　　　　　　　b)　　　　　　　　　　　c)

图 5-9　RD2 系列减速器

a）直接输入型　b）直交输入型　c）传动输入型

　　GH 系列减速器（图 5-10）为 RV 系列减速器中的高速型产品。GH 系列产品的最高输出转速可到 250r/min，专门用在机器人附加行走轴上。

　　RS 系列减速器（图 5-11）是以 RV-C 系列减速器为核心开发的重载型减速器。RS 系列产品可直接安装 3t、5t 和 9t 的载荷，直接用于水平变位机。

图 5-10　GH 系列减速器

图 5-11　RS 系列减速器

5.3　Nabtesco 公司 RV 减速器产品的结构与维护

5.3.1　组件型 RV 减速器

1. 组件型 RV 减速器的结构

（1）基本型 RV 减速器　基本型 RV 减速器采用 RV 减速器的基本结构，如图 5-1 所示。RV 减速器的行星齿轮数量越多，轮齿单位面积的承载就越小，误差均化性能也越好，但是受减速器结构尺寸的限制，通常只能布置 2~3 个。RV 减速器的行星齿轮数量与减速器规格（额定输出转矩）有关。RV-30 及以下规格采用 2 个行星齿轮，RV-60 及以上规格采用 3 个行星齿轮。

当减速器的基本减速比 $R \geqslant 70$ 时，太阳轮一般直接加工在输入轴上；当 $R < 70$ 时，采用输入轴和太阳轮分离型结构，两者通过花键连接，太阳轮需要安装相应的支承轴承。

（2）标准型 RV-E 减速器　标准型 RV-E 减速器是目前工业机器人最常用的 RV 减速器产品，如图 5-12 所示。标准型 RV-E 减速器与基本型 RV 减速器的最大区别在于：标准型 RV-E 减速器在轴（输出法兰）和外壳（针轮）间增加了一对可以同时承受径向和轴向载荷的高精度、高刚性角接触球轴承，从而使减速器的输出法兰（或外壳）可直接连接和驱动负载。减速器的其他部件结构及作用均与基本型 RV 减速器相同。

标准型 RV-E 减速器的行星齿轮数量同样与减速器规格（额定输出转矩）有关。RV-40E 及以下规格采用 2 个行星齿轮，RV-80E 及以上规格采用 3 个行星齿轮。

当减速器的基本减速比 $R \geqslant 70$ 时，太阳轮一般直接加工在输入轴上；当 $R < 70$ 时，输入轴和太阳轮为分离型结构，两者通过花键连接，太阳轮需要安装相应的支承轴承。

（3）紧凑型 RV-N 减速器　紧凑型 RV-N 减速器是在标准型 RV-E 减速器的基础上发展起来的轻量级产品，如图 5-13 所示。

为了减小体积、缩小直径，紧凑型 RV-N 减速器的输入轴不穿越减速器，其行星齿轮直接安装在输入侧，外部为敞开；同时，减速器的输出法兰也被缩短。如此结构使紧凑型 RV-N 减速器的体积和重量分别比同规格的标准型 RV-E 减速器缩小了 8%~20% 和减轻了 16%~36%，而且它的输入轴的安装调整方便、维护容易，因此目前已开始逐步替代标准型 RV-E 减速器，在工业机器人上得到越来越多的应用。

为了保证减速器的结构刚性，紧凑型 RV-N 减速器的行星齿轮数量均为 3 个。标准产品不提供输入轴，输入轴原则上需要用户自行加工制造，但是，当用户加工困难时，也可购买配套的半成品，然后补充加工电动机轴安装孔。

（4）中空型 RV-C 减速器　中空型 RV-C 减速器能够在减速器内部穿插电缆，特别适用于垂直串联机器人的腰关节、腕关节或 SCARA 机器人中间关节的驱动。

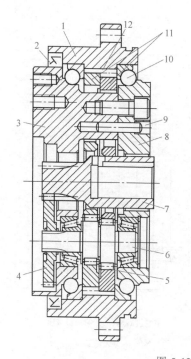

图 5-12 标准型 RV-E 减速器

1—外壳（针轮）   2—密封圈 3—轴（输出法兰） 4—行星齿轮 5—滚针轴承 6—曲柄轴

7—输入轴 8—支承法兰 9—定位销 10—输出轴承 11—RV 齿轮 12—针销

中空型 RV-C 减速器的结构类似紧凑型 RV-N 减速器，如图 5-14 所示，行星齿轮也直接安装在输入侧。为了实现中空结构，中空型 RV-C 减速器增加了一个中空的具有两排齿轮（大齿轮和小齿轮）的中空太阳轮，大齿轮和输入轴齿轮啮合，小齿轮和行星齿轮啮合。在图 5-14 中 z_1 为输入轴齿轮的齿数，z_2 为中空太阳轮大齿轮的齿数，z_3 为中空太阳轮小齿轮的齿数，z_4 为行星齿轮的齿数，z_5 为 RV 齿轮的齿数，z_6 为针销根数，中空型 RV-C 减速器的总基本计算比为

$$R = \left(R_1 \times \frac{z_2}{z_1} \right) = \left(1 + \frac{z_4}{z_3} z_6 \right) \times \frac{z_2}{z_1}$$

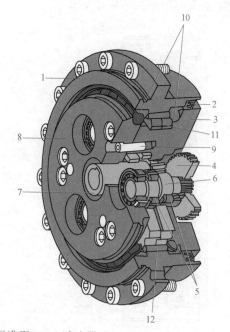

图 5-13 紧凑型 RV-N 减速器

1—外壳（针轮）   2—针销   3—输出轴（输出法兰） 4—曲柄轴
5—RV 齿轮 6—行星齿轮 7—太阳轮 8—支承法兰 9—输出轴承

RV- 50C 及以下规格采用两个行星齿轮，RV-100C 及以上规格采用 3 个行星齿轮。标准产品不提供中空太阳轮和输入轴齿轮，因此输入轴齿轮、中空太阳轮及其支承轴承等部件均需要用户自行设计制造，或另行选购附件。

中空型 RV-C 减速器的壳体（针轮）、RV 齿轮、行星齿轮、曲柄轴和输出轴承等均与紧凑型 RV-N 减速器一致，但是，为了便于安装中空太阳轮和中空轴套，中空型 RV-C 减速器已设计在支承法兰和输出轴（输出法兰）的内侧分别加工有安装中空太阳轮支承轴承的定

位面以及中空轴套的定位面和固定螺孔。

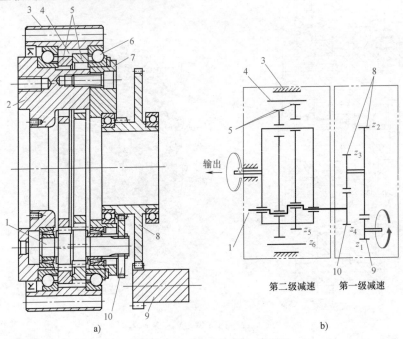

a)   b)

图 5-14 中空型 RV-C 减速器

a）内部结构图   b）结构简图

1—曲柄轴   2—输出轴（输出法兰） 3—外壳（针轮） 4—针销 5—RV 齿轮 6—输出轴承
7—支承法兰 8—中空太阳轮（选件） 9—输入轴齿轮（选件） 10—行星齿轮

2. 组件型 RV 减速器的安装

（1）组件型 RV 减速器的安装基本步骤   如果进行 RV 减速器的维护或更换，需要进行重新安装。一般安装 RV 减速器时，通常先连接输出侧，完成 RV 减速器和负载输出轴的连接后，再依次安装减速器输入轴、驱动电动机安装座和驱动电动机等部件。组件型 RV 减速器的安装基本步骤见表 5-2。

表 5-2 组件型 RV 减速器的安装基本步骤

安装示意图	安装说明
法兰结构　嵌合部　碟形弹簧垫圈　内六角头螺栓　O 形圈	1）清洁零部件，确认安装面没有灰尘、毛刺及油污等 2）安装负载轴和输出法兰间的 O 形圈 3）将减速器的输出法兰对准安装侧嵌合部并装配 4）使用嵌有碟形弹簧垫圈的内六角头螺栓暂时紧固减速器的输出法兰与安装侧

（续）

安装示意图	安装说明

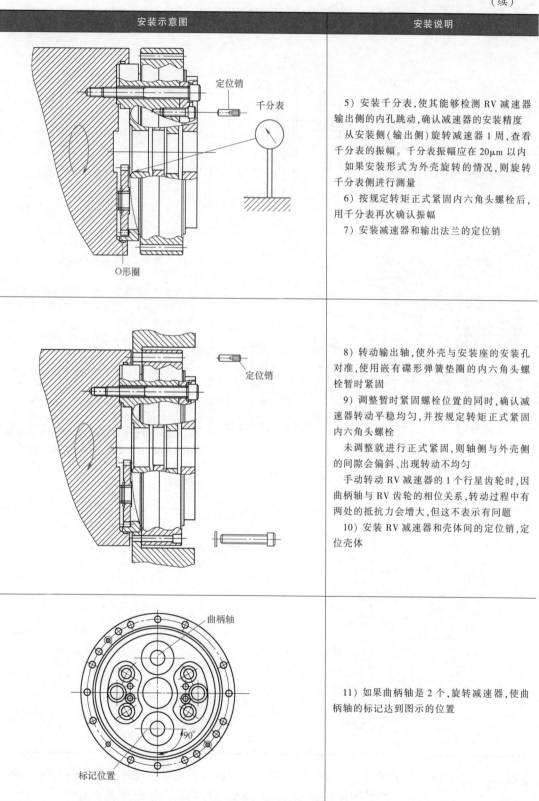

5）安装千分表，使其能够检测 RV 减速器输出侧的内孔跳动，确认减速器的安装精度

从安装侧（输出侧）旋转减速器 1 周，查看千分表的振幅。千分表振幅应在 20μm 以内

如果安装形式为外壳旋转的情况，则旋转千分表侧进行测量

6）按规定转矩正式紧固内六角头螺栓后，用千分表再次确认振幅

7）安装减速器和输出法兰的定位销

8）转动输出轴，使外壳与安装座的安装孔对准，使用嵌有碟形弹簧垫圈的内六角头螺栓暂时紧固

9）调整暂时紧固螺栓位置的同时，确认减速器转动平稳均匀，并按规定转矩正式紧固内六角头螺栓

未调整就进行正式紧固，则轴侧与外壳侧的间隙会偏斜、出现转动不均匀

手动转动 RV 减速器的 1 个行星齿轮时，因曲柄轴与 RV 齿轮的相位关系，转动过程中有两处的抵抗力会增大，但这不表示有问题

10）安装 RV 减速器和壳体间的定位销，定位壳体

11）如果曲柄轴是 2 个，旋转减速器，使曲柄轴的标记达到图示的位置

（续）

安装示意图	安装说明
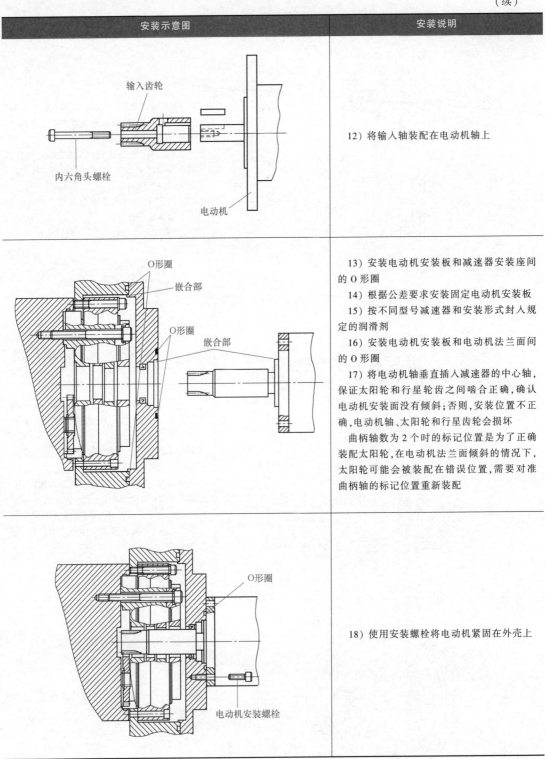	12）将输入轴装配在电动机轴上
	13）安装电动机安装板和减速器安装座间的 O 形圈 14）根据公差要求安装固定电动机安装板 15）按不同型号减速器和安装形式封入规定的润滑剂 16）安装电动机安装板和电动机法兰面间的 O 形圈 17）将电动机轴垂直插入减速器的中心轴，保证太阳轮和行星轮齿之间啮合正确，确认电动机安装面没有倾斜；否则，安装位置不正确，电动机轴、太阳轮和行星齿轮会损坏 曲柄轴数为 2 个时的标记位置是为了正确装配太阳轮，在电动机法兰面倾斜的情况下，太阳轮可能会被装配在错误位置，需要对准曲柄轴的标记位置重新装配
	18）使用安装螺栓将电动机紧固在外壳上

（2）安装螺栓　为了满足额定表中瞬时最大容许转矩的要求，在减速器本体及输出轴端需要使用内六角头螺栓并按紧固转矩拧紧。内六角头螺栓的紧固转矩见表 5-3。

表 5-3　内六角头螺栓的紧固转矩

螺栓/mm	M5×0.8	M6 × 1.0	M8 × 1.25	M10×1.5	M12×1.75	M16×2.0
紧固转矩/N·m	9.01±0.49	15.6±0.78	37.2±1.86	73.5±3.43	129±6.37	319±5.9

另外，为了防止内六角头螺栓的松动和螺栓断面的损伤，应使用内六角头螺栓用碟形弹簧垫圈。碟形弹簧垫圈外形如图 5-15 所示，尺寸见表 5-4。

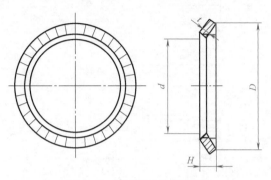

图 5-15　碟形弹簧垫圈外形

表 5-4　碟形弹簧垫圈尺寸　　　　　　　　　　（单位：mm）

规格	5	6	8	10	12	16
d	5.25	6.4	8.4	10.6	12.6	16.9
D	8.5	10	13	16	18	24
t	0.6	1.0	1.2	1.5	1.8	2.3
H	0.85	1.25	1.55	1.9	2.2	2.8

（3）输入轴和电动机的连接　一般情况下，RV 减速器的输入轴与电动机轴连接，其连接形式与驱动电动机的输出轴结构有关。常见的电动机轴连接形式如图 5-16 所示，包括平轴（带内螺纹和不带内螺纹）和锥形轴几种形式。

1）平轴电动机连接。一般中、大规格伺服电动机输出轴为平轴，有带键和不带键、带内螺纹和不带内螺纹等形式。由于工业机器人对位置精度要求相对较低，但其负载惯量和输出转矩很大，因此电动机轴一般选用带键结构。

电动机轴中带内螺纹时，用螺栓将输入轴和电动机轴拧紧；电动机轴中不带内螺纹时，用定位螺钉将输入轴和电动机轴拧紧。

2）锥形轴电动机连接。小规格伺服电动机的输出轴可能是带键的锥形轴，由于 RV 减速器的输入轴较长，需要采用牵引螺栓或牵引螺母可靠连接电动机轴和输入轴。电动机锥形轴连接时的安装间隙要求如图 5-17 所示。

（4）输入轴的安装及其注意事项

1）输入轴的两种结构及安装。RV 减速器的输入轴结构和传动比有关。RV 减速器的传动比一般直接通过改变第一级直齿轮减速比实现，因此，当传动比较小时，需要增加太阳轮的齿数而减小行星齿轮的齿数。太阳轮直径变大以至于输入轴无法从输入侧安装，因此 RV 减速器的输入轴有两种结构。在基本减速比 $R \geq 70$ 的减速器上，太阳轮一般如图 5-18a 所示，直接加工在输入轴上；当基本减速比 $R<70$ 时，采用输入轴和太阳轮分离结构，如

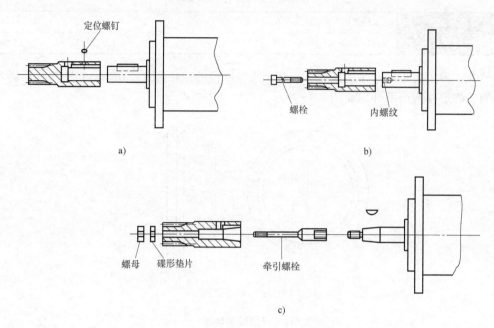

图 5-16　常见的电动机轴连接形式
a）平轴带键　b）平轴带键和内螺纹　c）锥形轴螺栓紧固

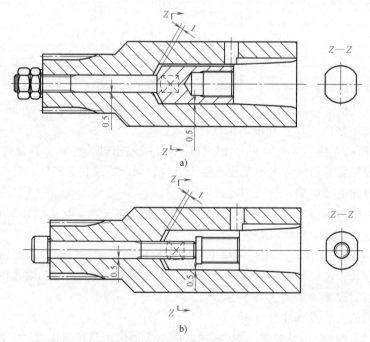

图 5-17　电动机锥形轴连接时的安装间隙要求
a）牵引螺栓连接　b）牵引螺母连接

图 5-18b 所示，一般通过花键连接输入轴和太阳轮，此时太阳轮需要有相应的轴承支承，太阳轮的安装将在减速器的输出侧进行。

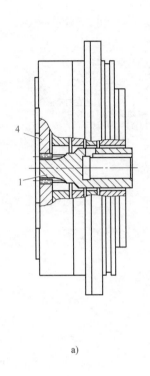
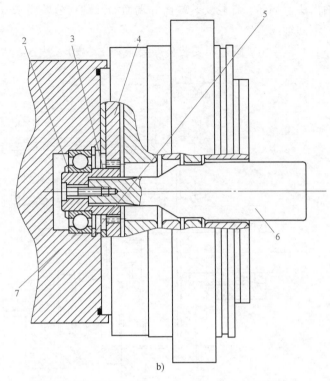

a)　　　　　　　　　　　b)

图 5-18　输入轴两种结构及安装

a) $R \geqslant 70$　b) $R < 70$

1—输入轴　2—轴用 C 形扣环　3—太阳轮　4—行星轮　5—孔用 C 形扣环　6—花键　7—深沟球轴承

2）太阳轮的安装注意事项。安装 RV 减速器的输入轴时，必须保证太阳轮和行星齿轮的啮合良好，特别是 RV 减速器有 2 个行星齿轮时，装配太阳轮时需要特别注意：太阳轮要径直插入，与行星齿轮的相位不相吻合时，沿圆周方向稍稍变换角度插入，并确认电动机法兰面不倾斜而紧密接触。法兰面倾斜时，有可能造成如图 5-19a 所示的不正确啮合，损坏减速器。

（5）各系列组件型 RV 减速器的安装特点

1）基本型 RV 减速器。基本型 RV 减速器无输出轴承和外壳，安装 RV 减速器时，须根据实际传动系统的结构和承受的载荷情况，由机器人生产厂家在针轮和输出轴之间安装一对承受径向载荷或能同时承受径向及轴向载荷、可驱动负载的高精度、高刚性球轴承（图 5-20），或者安装交叉滚子轴承。

当基本减速比 $R < 70$ 时，输入轴和太阳轮为分离结构，两者通过花键连接，太阳轮需要安装相应的支承轴承。

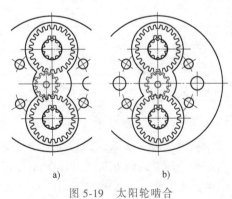

a)　　　　　　　　　b)

图 5-19　太阳轮啮合

a) 不正确啮合　b) 正确啮合

基本型 RV 减速器的输入轴、针轮和输出轴均需要用户安装和连接。当减速器更换或维护后需要重新安装时，应检查和保证输出轴、输出法兰和电动机安装法兰之间的同轴度以及输出法兰端面、针轮安装端面等端面的圆跳动公差要求，以防止输入轴、输出法兰和输出轴的不同轴或歪斜。

基本型 RV 减速器安装公差要求如图 5-20 及表 5-5 所示。

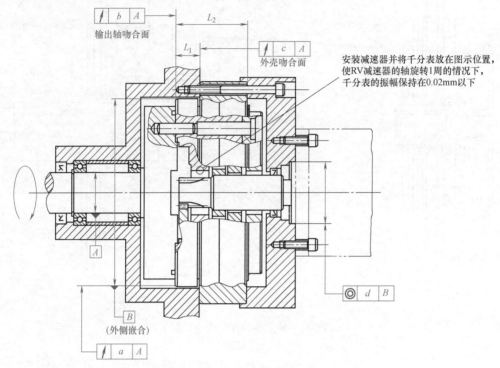

图 5-20 基本型 RV 减速器的安装公差要求

表 5-5 基本型 RV 减速器的安装公差要求　　　　　　　　　　（单位：mm）

精度 型号	圆周径向圆 跳动公差 a	圆周轴向圆 跳动公差 b	圆周轴向圆 跳动公差 c	同轴度公 差 d	安装侧尺寸精度	
					L_1	L_2
RV-15	0.02	0.02	0.02	0.05	16±0.5	48 ±0.5
RV-30	0.02	0.02	0.02	0.05	22±0.5	56 ±0.5
RV-60	0.05	0.03	0.03	0.05	19±0.5	61 ±0.5
RV-160	0.05	0.03	0.03	0.05	27±1.0	79 ±1.0
RV-320	0.05	0.03	0.03	0.05	33±1.0	96 ±1.0
RV-450	0.05	0.03	0.03	0.05	35±1.0	107.5±1.0
RV-550	0.05	0.03	0.05	0.05	41±1.0	123 ±1.0

2) 标准型 RV-E 减速器。由于标准型 RV-E 减速器的组成部件为整体单元式结构，其安装相对简单，只需安装减速器和连接输出侧负载。当基本减速比 $R<70$ 时，输入轴和太阳轮为分离结构，两者通过花键连接，太阳轮需要安装相应的支承轴承。

当 RV 减速器的输入轴与驱动电动机轴连接时，电动机轴和电动机法兰间的同轴度由电动机生产厂家保证，而减速器输出法兰和外壳定位法兰间的同轴度由减速器生产厂家保证，故用户完成减速器和输出轴连接后，只需要检查电动机安装法兰的同轴度公差，如图 5-21 及表 5-6 所示。

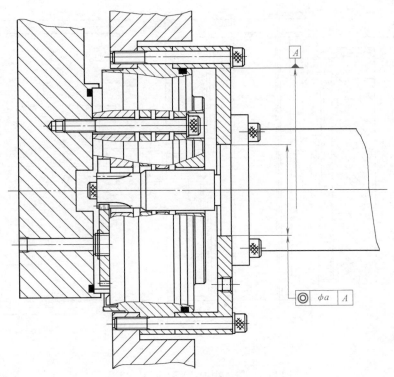

图 5-21　RV-E 标准型减速器安装公差要求

表 5-6　RV-E 标准型减速器安装公差要求　　　　　　（单位：mm）

型　号	公差 a	型　号	公差 a
RV-6E	0.03	RV-110E	0.03
RV-20E	0.03	RV-160E	0.05
RV-40E	0.03	RV-320E	0.05
RV-80E	0.03	RV-450E	0.05

　　3）紧凑型 RV-N 减速器。紧凑型 RV-N 减速器安装图如图 5-22 所示。在减速器的输入侧，驱动电动机需要通过电动机安装座和减速器连接，输入轴直接安装在电动机轴上。为方便填充和更换润滑脂，电动机安装座上需要加工加排脂口；为防止润滑脂溢出，在输入轴和电动机安装座、减速器和电动机安装座等配合件间，需要安装密封圈。

　　在减速器的输出侧，负载连接板或输出轴连接到减速器的输出法兰上，其定位基准为减速器输出法兰的端面、内孔（或外圆）。为了能够填充和更换润滑脂，并防止润滑脂溢出，负载连接板上需要加工加排脂口并在减速器输出法兰和连接板之间安装密封圈。

　　由于驱动电动机输出轴和电动机安装法兰间的位置公差由伺服电动机生产厂家保证，减速器的输出法兰和外壳定位法兰间的公差由减速器生产厂家保证，因此减速器安装只要求电动机安装座的公差，保证电动机安装法兰和外壳定位法兰的同轴度要求。紧凑型 RV-N 减速器的安装公差要求见表 5-7。

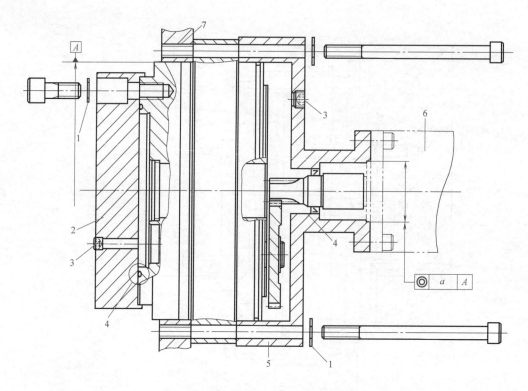

图 5-22 紧凑型 RV-N 减速器安装图

1—碟形弹簧垫圈 2—轴部件 3—加排脂口 4—密封圈
5—电动机安装座 6—电动机 7—外壳安装部件的内螺纹

表 5-7 紧凑型 RV-N 减速器的安装公差要求

规格	25~160N	380~700N
公差 a	0.03mm	0.05mm

4）中空型 RV-C 减速器。中空型 RV-C 减速器的输入轴、中空太阳轮和中空轴套需要用户安装。中空型 RV-C 减速器已在支承法兰和轴的内侧分别加工有安装中空太阳轮支承轴承的定位面、中空轴套的定位面和固定螺孔。为防止中空太阳轮、输入轴的不同轴或歪斜，以及输入轴和中空太阳轮啮合间隙过大或过小而产生传动误差、噪声或负载过大，中空型 RV-C 减速器的安装部件精度如下（图 5-23）：

① 太阳轮的轴承支承面和外壳定位法兰之间的同轴度 a 要求不大于 0.03mm。

② 电动机安装法兰面和减速器安装法兰面之间的平行度 b 要求不大于 0.03mm。

③ 电动机轴和减速器轴之间的中心距 R 的偏差范围为 ±0.03mm。

3. 组件型 RV 减速器的润滑维护

组件型 RV 减速器的标准润滑方式是使用润滑脂润滑。组件型 RV 减速器在出厂时并未封入润滑脂。因此安装时必须填充适量指定的润滑脂。填充润滑脂时，压力应设定为 0.03MPa 以下。为充分发挥组件型 RV 减速器的性能，建议使用厂家制造的润滑脂。

减速器正常运转时，根据润滑脂的老化情况，标准更换时间为 20000h。在使用过程中，如果减速器表面温度达到 40℃ 以上、转速较高、环境污染严重，需要缩短润滑脂的更换

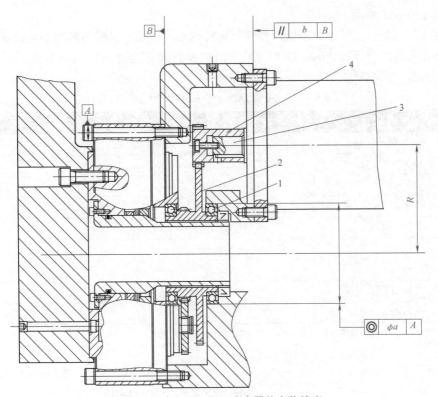

图 5-23 中空型 RV-C 减速器的安装精度

1—太阳轮轴承 2—太阳轮 3—电动机轴 4—输入轴

时间。

各系列减速器内必需的注入量会因减速器的安装方向略有不同。各系列 RV 减速器的润滑脂的注入量在说明书上有明确规定，这里仅以 RV-E 系列为例进行介绍。

RV-E 减速器水平安装如图 5-24 所示，润滑脂注入量见表 5-8；RV-E 减速器垂直安装（输出轴朝上）如图 5-25 所示，润滑脂注入量见表 5-9；RV-E 减速器垂直安装（输出轴朝下）如图 5-26 所示，润滑脂注入量见表 5-9。表 5-8 和表 5-9 为减速器内所需（棕色区域）的注入量，不含与电动机安装侧之间的空间（灰色区域），有空间时需要将其继续填充。但是过度填充可能因受热膨胀使内部气压升高，进而损坏油封，使润滑脂溢出，因此需要确保预留

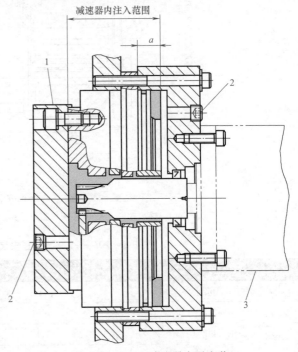

图 5-24 RV-E 减速器水平安装

1—输出轴安装件 2—加排脂口 3—电动机

总容积的 10% 左右空间。

在封入润滑脂后，根据润滑脂的特性，运转时有时会发生异响和转矩不均的现象。如果这些现象在实施磨合运转 30min 以上（减速器的表面温度达到 50℃ 左右为止）后消失，则没有质量问题。

表 5-8　RV-E 减速器水平安装时润滑脂注入量

型号	必需的注入量/cm³	尺寸 a/mm
RV-6E	42	17
RV-20E	87	15
RV-40E	195	21
RV-80E（1）	383	21
RV-80E（2）	345	21
RV-110E	432	6.5
RV-160E	630	10.5
RV-320E	1040	15.5
RV-450E	1596	18

注：RV-80E（1）为输出轴螺栓紧固型，RV-80E（2）为输出轴销并用型。

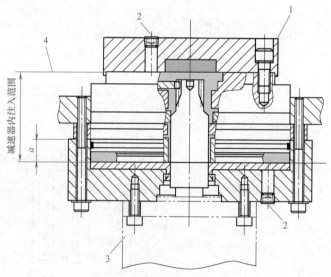

图 5-25　RV-E 减速器垂直安装（输出轴朝上）

1—输出轴安装件　2—加排脂口　3—电动机　4—润滑脂液面

表 5-9　RV-E 减速器垂直安装时润滑脂注入量

型号	必需的注入量/cm³	尺寸 a/mm
RV-6E	48	17
RV-20E	100	15
RV-40E	224	21
RV-80E（1）	439	21
RV-80E（2）	396	21

（续）

型号	必需的注入量/cm³	尺寸 a/mm
RV-110E	495	6.5
RV-160E	694	10.5
RV-320E	1193	15.5
RV-450E	1831	18

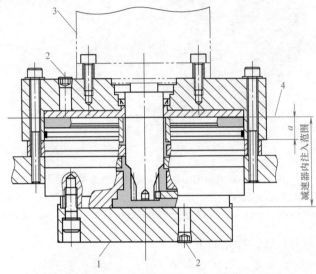

图 5-26　RV-E 减速器垂直安装（输出轴朝下）

1—输出轴安装部件　2—加排脂口　3—电动机　4—润滑脂液面

5.3.2　齿轮箱型 RV 减速器

1. 齿轮箱型 RV 减速器的结构

齿轮箱型 RV 减速器采用的是整体结构，与组件型 RV 减速器相比其特点如下：

1）交货时厂家已封入润滑脂。

2）采用专用配件（如轴套、输入花键轴和电动机安装法兰），使电动机的安装非常简单。

（1）高速型 GH 系列减速器　高速型 GH 系列减速器的内部基本结构如图 5-27 所示。输入花键轴和电动机安装法兰是选配件。电动机安装法兰上可以直接安装驱动电动机。输出轴的旋转方向与输入花键轴的旋转方向相同。

高速型 GH 系列减速器的传动比较小，其第 1 级直齿轮减速比较小，减速器采用的是输入花键轴和太阳轮分离结构。输出轴形状有输出法兰型和输出轴型，如图 5-28 所示。

高速型 GH 系列减速器的额定输出转速为标准型的 3.3 倍，过载能力为标准型的 1.4 倍，减速器结构刚性好，传动精度高，安装使用方便，故常用于转速较高的工业机器人上臂、手腕等关节的驱动。

（2）标准型 RD2 系列减速器　标准型 RD2 减速器是在可轻松安装在各主要电动机上的 RD 系列减速器的基础上，改进为具有多达 3 种输入可调的产品。它大幅提高用户的设计自

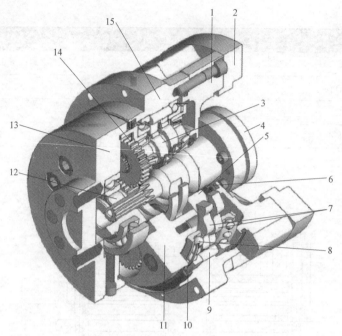

图 5-27 高速型 GH 系列减速器的内部基本结构

1—中间法兰 2—电动机安装法兰（选配件） 3—曲柄轴 4—输入花键轴（选配件） 5—螺栓法兰 6、10—油封
7—RV 齿轮 8—主轴承 9—针销 11—轴 12—输入太阳轮 13—输出轴法兰 14—行星轮 15—外壳（针轮）

由度。与 RD 系列减速器相比，特点如下：

1）内置联轴器，安装简单。与传统的系列产品将联轴器作为附件相比，RD2 系列减速器将联轴器内置于输入部件内，简化了将伺服电动机安装到减速器上的操作。

2）紧凑化。与传统的系列产品相比，轴方向的全长最多缩短了约 15%。

3）中心管旋转。为了保护线缆，在 RD2 系

图 5-28 高速型 GH 系列减速器输出轴
（输出法兰型和输出轴型）

列减速器中可使中心管旋转（与输出面同步）。为了进行旋转检测，延长了中心管。

标准型 RD2 减速器对外壳、电动机安装法兰和输入轴连接部件进行了整体设计，成为可以直接安装驱动电动机的完整减速器单元。

标准型 RD2 减速器结构如图 5-29 所示。总体而言，它在组件型减速器的基础上，增加了电动机连接部件（直接输入单元、轴套和电动机安装法兰），并对支承法兰的结构进行了改造，使之可安装电动机连接部件。标准型 RD2 减速器支承法兰的作用与组件型减速器相同，但它在外侧增加了安装直接输入单元的连接法兰，在内侧增加了输出轴承的密封。

减速器的轴套是一个变径套，可用来增大输入轴直径，使其与输入轴组件上的弹性联轴器内径匹配。对于锥轴，则可选配锥/平轴转换套，先将锥轴变换为平轴，然后再用变径套变径。电动机安装法兰是用于连接直接输入单元和驱动电动机的中间座，可直接安装驱动电动机。轴套、电动机安装法兰的规格需要根据驱动电动机的型号、规格选配。

标准型 RD2 减速器提供 3 种输入方式：直接输入型、直交输入型和传动输入型。每种

图 5-29　标准型 RD2 减速器结构

1—支承法兰　2—直接输入单元　3—轴套　4—电动机安装法兰

输入方式又分为中实（实心）和中空（空心）两种形式。

1）直接输入型（RDS 系列）。直接输入型减速器的输入轴连接为轴向标准轴孔连接，输入轴的轴线和减速器轴线同轴（中实）或平行（中空），如图 5-30 所示。

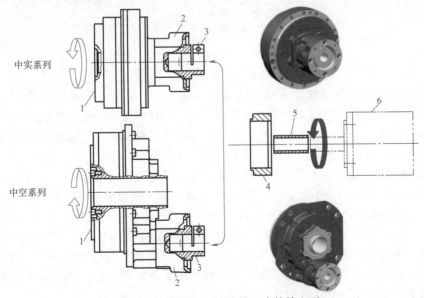

图 5-30　标准型 RD2 减速器（直接输入型）

1—输出轴　2—直接输入单元　3—联轴器　4—电动机安装法兰　5—轴套　6—伺服电动机

中实系列减速器的本体结构类似于在紧凑型 RV-N 减速器基础上增加了电动机连接部件，其中联轴器连接减速器的太阳轮和电动机轴。中空系列减速器的本体结构类似带中空太阳轮和中空轴套的中空型 RV-C 减速器，电动机连接部件和中实系列相同。

2）直交输入型（RDR 系列）。直交输入型减速器的输入轴连接为径向标准轴孔连接，输入轴的轴线和减速器的轴线垂直。直交输入型装置可以更薄，可设置在狭窄的场所，可降低工作台高度。

直交输入型减速器的本体结构与直接输入型减速器相同，但直接输入单元具有传动方向变换功能，如图 5-31 所示。

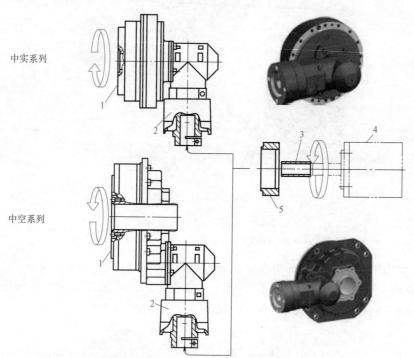

中实系列

中空系列

图 5-31　标准型 RD2 减速器（直交输入型）
1—输出轴　2—直接输入单元　3—轴套　4—伺服电动机　5—电动机安装法兰

直交输入型减速器的直接输入单元内部安装有一对十字交叉的齿轮轴及对应的支承轴承，两齿轮轴间采用锥齿轮传动，以实现传动方向的 90°变换。连接电动机的齿轮轴的输入端加工有弹性联轴器，输出端为锥齿轮，中间安装有支承轴承；连接减速器的齿轮轴的中间部分为锥齿轮，内侧为太阳轮，支承轴承安装在两端。

3）传动输入型（RDP 系列）。传动输入型减速器可进行带传动输入，电动机设置场所不受限制，可通过传动变更减速比。传动输入型减速器的输入轴连接采用的是带键槽和中心孔的标准轴连接，输入轴的轴线和减速器的轴线同轴（中实）或平行（中空），如图 5-32 所示。

传动输入型减速器的本体结构与直接输入型减速器相同，区别在于直接输入单元的结构。输入轴为可直接安装齿轮或同步带轮的轴。轴的外侧是一段带键槽和中心孔的标准轴，可用来安装齿轮或同步带轮，实现驱动电动机和减速器的分离安装；轴的内侧为减速器的太阳轮；轴的中间部分安装有支承轴承。

（3）重载型 RS 减速器　重载型 RS 减速器是最新推出的大型重载减速器产品。重载型 RS 减速器的结构特点如图 5-33 所示。

重载型 RS 减速器的本体结构和中空型 RV-C 减速器相同，但它安装有中空轴套和输入轴组件，减速器的上端为输出轴。它可直接用来安装机器人机身等负载。减速器的下端有地脚安装孔，可直接作为工业机器人的基座使用。

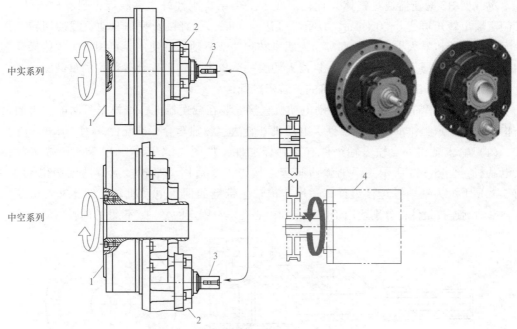

图 5-32 标准型 RD2 减速器（传动输入型）

1—输出轴 2—直接输入单元 3—输入轴 4—伺服电动机

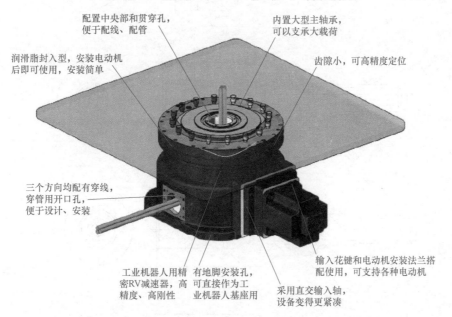

图 5-33 重载型 RS 减速器的结构特点

重载型 RS 减速器的输入轴组件内部安装有一对十字交叉的齿轮轴及对应的支承轴承，两齿轮轴间采用锥齿轮传动，以实现传动方向的 90°变换。连接减速器的齿轮轴的轴线与减速器的轴线平行，其中间部分为锥齿轮，上端为太阳轮的驱动齿轮，下端是支承轴承及端盖等部件；连接驱动电动机的齿轮轴的轴线与减速器的轴线垂直，其内侧是锥齿轮，外侧是连接电动机轴输入的内花键，中间为支承轴承部件。

　　重载型 RS 减速器通过整体设计，组成了一个结构刚性好、承载能力强、输出转矩大，其额定输出转矩可达 8820N·m、载重量可达 9000kg，可直接安装和驱动负载的回转工作台单元。在工业机器人上，它可直接作为底座和腰关节驱动部件使用，可用于大规格搬运、装卸、码垛工业机器人的机身、中型机器人的腰关节以及回转工作台等部位的重载驱动。

2. 齿轮箱型 RV 减速器电动机的安装标准配件

　　对于齿轮箱型 RV 减速器，驱动电动机直接安装在减速器上，可根据驱动电动机的尺寸结构，选择厂家提供的输入轴组件、电动机安装法兰和轴套等标准配件。

　　（1）输入轴组件　输入轴组件有 4 种标准件，如图 5-34 所示，用于连接减速器和伺服电动机。图 5-34a 所示为平轴弹性胀套连接组件，适用于平轴、无键的伺服电动机轴；图 5-34b 所示为锥轴键连接组件，适用于锥轴、带键的伺服电动机轴；图 5-34c、d 所示为两种平轴键连接组件，分别适用于键固定和中心孔螺钉固定的平轴、带键的伺服电动机轴。

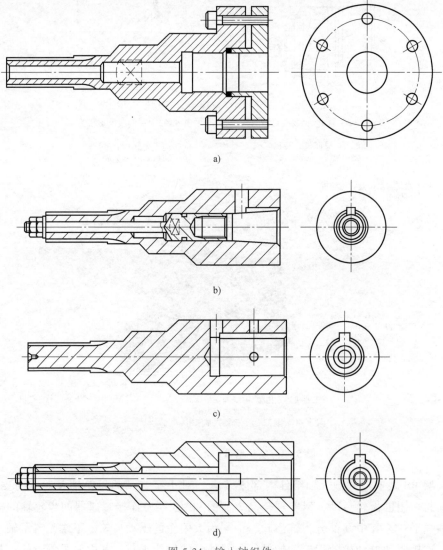

图 5-34　输入轴组件

a）平轴弹性胀套连接组件　b）锥轴键连接组件　c）平轴键连接组件（带键）　d）平轴键连接组件（带键和双头螺柱）

（2）电动机安装法兰　电动机安装法兰有圆形和方形两种标准件（图5-35），工业机器人一般使用交流伺服电动机，采用方形安装法兰。

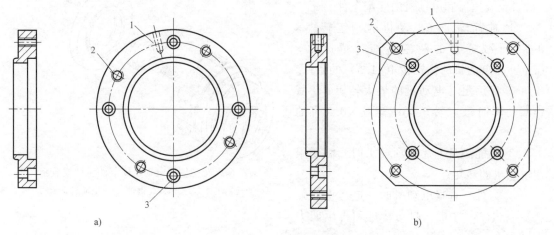

图 5-35　电动机安装法兰

a）圆形电动机安装法兰　b）方形电动机安装法兰

1—吊装孔　2—电动机安装螺孔　3—法兰安装孔

（3）轴套　标准齿轮箱型 RD2 减速器的轴套如图 5-36a 所示。它是一个开口的弹性变径套，变径套的外径和弹性联轴器的内径一致；变径套的内径可以根据电动机轴选择。通过使用变径套，弹性联轴器可以与不同轴径的驱动电动机相配合。如果电动机轴为锥轴，为了连接弹性联轴器，可以选配如图 5-36b 所示的锥/平轴转换套，先将锥轴转换为平轴，然后根据需要决定是否再选配变径轴套。

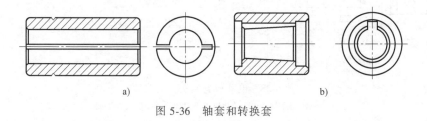

图 5-36　轴套和转换套

a）轴套　b）转换套

3. 齿轮箱型 RV 减速器的安装

齿轮箱型 RV 减速器采用整体设计，产品结构紧凑，刚性好，安装非常方便。在进行减速器本体及输出轴端安装时，须使用内六角头螺栓，并按要求的紧固转矩拧紧。另外，为了防止内六角头螺栓的松动和螺栓断面的损伤，应使用内六角头螺栓用碟形弹簧垫圈。

减速器输出法兰或输出轴及外壳的安装方法可参考表 5-2。减速器输出轴连接外壳固定后，应保证减速器内孔或输出轴的圆跳动误差不超过 0.02mm。

减速器输入侧的驱动电动机连接组件全部由厂家配套提供，零部件加工精度已满足减速器的安装要求，用户使用时只需要可靠连接相关连接件，便可满足减速器的要求。

（1）高速型 GH 减速器的安装

1）输入花键轴和电动机安装法兰的安装示意图如图 5-37 所示。

2）电动机安装法兰的厚度计算公式为 $D=(A+LR-L)-LL$，如图 5-38 所示。

3）减速器和电动机的匹配条件。

① 推荐满足（电动机的额定转矩×0.5）<［减速器的额定转矩/（减速比×0.8）］<（电动机的额定转矩×1.5）的条件。

② 应满足（电动机的最大转矩）<［减速器的瞬时最大转矩/（减速比×0.8）］的条件。

③ 不能满足上述两项要求时，需要限制电动机的转矩。

④ 另外，选择电动机时还应考虑有效转矩、载荷惯性矩、制动转矩和再生能力等因素。

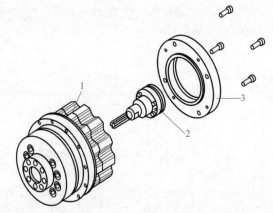

图 5-37 输入花键轴和电动机安装法兰的安装示意图

1—减速器主体 2—输入花键轴 3—电动机安装法兰

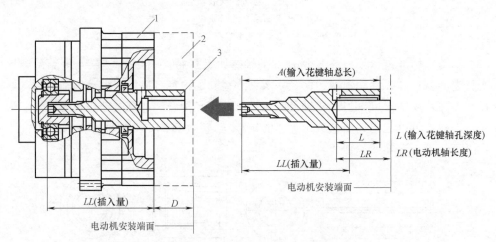

图 5-38 电动机安装法兰的厚度

1—减速器主体 2—电动机安装法兰 3—输入花键轴

（2）标准型 RD2 减速器的安装

1）减速器的安装形式。减速器的安装有标准安装和逆安装两种安装形式，如图 5-39 所示。在指定位置安装减速器，减速器的螺栓孔必须对准固定部件的螺母相位，使用指定数量的螺栓安装。按规定紧固转矩均衡地拧紧套好使用碟形弹簧垫圈的内六角头螺栓。

减速器交货时已组装电动机安装法兰。因此，在下列两种情况下，在机器上安装减速器之前，卸下电动机安装法兰，然后再进行安装，否则无法进行正常安装。

① 在标准安装中，由于电动机安装法兰的阻碍，无法使用转矩扳手时。

② 在逆安装中，电动机安装法兰比安装配合孔大时。

2）电动机的安装

① 用抹布擦拭电动机的外径面、联轴器的夹紧面和轴套的内外径表面，确保表面没有附着异物或油渍。

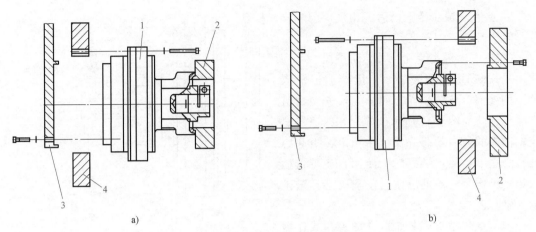

图 5-39 减速器的安装形式

a）标准安装   b）逆安装

1—减速器 2—电动机安装法兰 3—活动部件 4—固定部件

② 使用轴套时，将轴套插入联轴器，使联轴器夹紧螺栓对准电动机法兰孔，如图 5-40 所示。

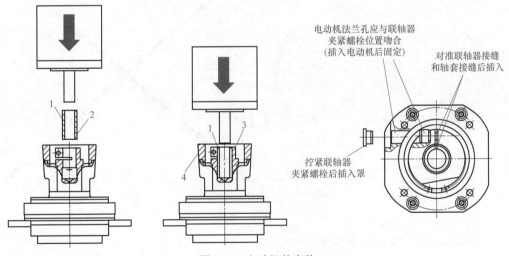

图 5-40 电动机的安装

1—轴套 2—V 形槽 3—联轴器 4—电动机法兰键

装入轴套时，应使接缝方向对准联轴器的接缝方向，如果轴套的接缝方向偏离了联轴器的接缝方向，则无法得到良好的拧紧力。

外周面上有 V 形槽的轴套，V 形槽应朝向内（减速器）侧，否则无法得到良好的拧紧力。

③ 擦拭电动机安装法兰和安装面上的油，在该面上涂液状密封剂。如果粗暴地将伺服电动机插入减速器，可能会导致伺服电动机和减速器损坏。

④ 对准电动机安装法兰的配合部，垂直插入电动机。电动机轴上有键槽时，应在电动机轴的键槽与联轴器接缝方向相反的情况下插入电动机，否则无法得到良好的拧紧力。

确认电动机的法兰面和电动机安装法兰的端面是否紧密地贴合在一起。倾斜或有间隙时，应拔出伺服电动机，再次重复本步骤进行安装。

⑤ 用螺栓将电动机固定在电动机安装法兰上。

⑥ 必须完成步骤⑤以后，用规定的螺栓拧紧转矩拧紧联轴器夹紧螺栓。

⑦ 在电动机法兰孔中盖上防护盖。

3）传动机构的安装。使用减速器输入轴上的键槽以及前端面上的螺孔或安装螺钉安装传动，如图5-41所示。施加在减速器输入轴前端的径向载荷应保持在额定转矩和容许转矩之下；使用键槽时，使用自备键；插入传动机构时，不可以使用锤子等工具敲击输入轴。

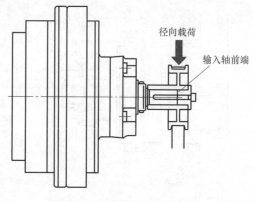

图 5-41　传动机构的安装

（3）重载型 RS 减速器的安装　减速器水平安装时，要避免将输入轴（电动机）朝上安装，必须向左右或朝下安装输入轴），如图5-42所示。重载型 RS 减速器的安装示意图如图5-43所示。

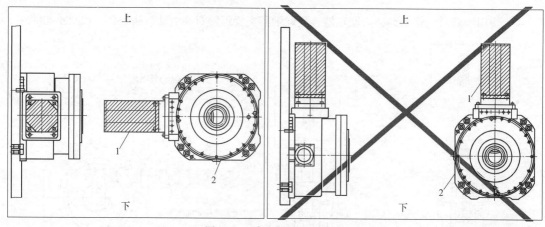

图 5-42　减速器的安装方向

1—电动机　2—减速器

4. 齿轮箱型 RV 减速器的润滑维护

齿轮箱型 RV 减速器为整体密封结构，减速器出厂时已按规定填充润滑脂，用户无须另行填充。在正常情况下，润滑脂更换周期为20000h；但是，如果减速器的工作环境温度高于40℃、工作转速较高或者在污染严重的环境下工作，需要缩短更换周期。减速器应使用纳博特斯克公司配套的 Vigo grease Re0 品牌 RV 减速器专业润滑脂。不同规格减速器润滑脂的注入量在减速器生产厂家或机器人生产厂家的说明书上已有规定，维修时可按厂家的要求进行。

电动机连接部件

图 5-43　重载型 RS 减速器安装示意图

1—电动机安装法兰　2—输入花键轴

思考与练习

1. 简述 RV 减速器的结构组成。

2. 简述 RV 减速器两级减速的减速原理。

3. RV 减速器常见的传动形式有哪些？减速比如何计算？

4. 简述 RV 减速器的特点。

5. 组件型 RV 减速器的特点是什么？

6. 齿轮箱型 RV 减速器的特点是什么？

7. 简述组件型 RV 减速器的安装步骤。

8. 减速器输入轴和伺服电动机轴的连接方式有哪些？

9. 太阳轮有哪两种结构？安装方式有什么不同？

10. 安装太阳轮的注意事项有哪些？

11. 安装组件型 RV 减速器时的公差要求有哪些？

12. 为什么高速型 GH 减速器采用输入花键轴和太阳轮分离结构？

13. 标准型 RD2 减速器提供哪三种输入方式？各有什么特点？

14. 重载型 RS 减速器有哪些特点？

第6章
工业机器人末端执行器

学习目标

1. 了解工业机器人末端执行器的分类。
2. 掌握工业机器人末端执行器的工作原理。
3. 理解工业机器人末端执行器的结构。
4. 了解工业机器人末端执行器的设计流程。

本章介绍了工业机器人末端执行器的分类，对工业机器人末端执行器不同原理和结构进行了分析，并以码垛机器人末端执行器为例介绍了一个设计应用实例，使学生能够理解工业机器人末端执行器的原理、结构和应用。

6.1　工业机器人末端执行器的分类

1. 工业机器人末端执行器的特点

工业机器人末端执行器也称为工业机器人的手部，是装在工业机器人的手腕上直接抓取和握紧（吸附）专用工具（如喷枪、扳手、焊接工具、喷头等）并进行操作的部件。

工业机器人末端执行器（手部）有以下特点：

1）手部与手腕相连处可拆卸。手部与手腕有机械接口，也可能有电、气、液接头，当工业机器人作业对象不同时，可以方便地拆卸和更换手部。

2）手部是工业机器人的末端操作器。它可以像人手那样具有手指，也可以不具有手指；可以是类人的手爪，也可以是进行专业作业的工具，如装在机器人手腕上的喷枪、焊接工具等。

3）手部的通用性比较差。工业机器人的手部通常是专用的装置，一种手爪往往只能抓握一种工件或几种在形状、尺寸、质量等方面相近似的工件，只能执行一种作业任务。

4）手部是一个独立的部件。假如不把手腕归属于臂部，那么工业机器人机械系统的 3 大件就是机身、臂部和手部。手部是决定整个工业机器人作业完成好坏、作业柔性好坏的关键部件之一。

2. 工业机器人末端执行器的分类

由于被握工件的形状、尺寸、重量、材质及表面状态等不同，因此工业机器人末端执行器是多种多样的，大概可以分为如下几类：

（1）按用途分类

1）手爪。手爪具有一定的通用性。它的主要功能是抓住工件、握持工件和释放工件。

① 抓住工件：在给定的目标位置和期望姿态上抓住工件，工件在手爪内必须具有可靠的定位，保持工件与手爪之间准确的相对位姿，以保证机器人后续作业的准确性。

② 握持工件：确保工件在搬运过程中或零件在装配过程中定义的位置和姿态的准确性。

③ 释放工件：在指定点上除去手爪和工件之间的约束关系。

2）工具。这里指进行某种作业的专用工具，如喷枪、焊接工具等。

（2）按夹持原理分类　图 6-1 所示为手爪按夹持原理分类。机械手爪有靠摩擦力夹持和吊钩承重两类，前者是有指手爪，后者是无指手爪。产生夹紧力的驱动源可以为气动、液动、电动和电磁。磁力手爪主要是磁力吸盘，有永磁吸盘和电磁吸盘。真空手爪是真空式吸盘，根据形成真空的原理可分为真空吸盘、气流负压吸盘和挤气负压吸盘。磁力手爪及真空手爪是无指手爪。

（3）按手爪或吸盘数目分类

1）机械手爪可分为单指手爪和多指手爪。

2）机械手爪按手指关节可分为单关节手指手爪和多关节手指手爪。

3）吸盘式手爪按吸盘数目可分为单吸盘式手爪和多吸盘式手爪。

（4）按智能化分类

1）普通式手爪：手爪不具备传感器。

2）智能化手爪：手爪具备一种或多种传感器，如力传感器、触觉传感器和滑觉传感器等，手爪与传感器集成为智能化手爪（Intelligent Grippers）。

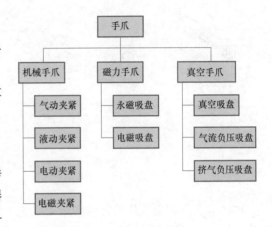

图 6-1　手爪按夹持原理分类

（5）根据结构、性能和应用方式分类　工业机器人末端执行器除焊接、喷涂等机器人的终端是焊钳、喷枪等专用工具外，其他工种如搬运、装配等机器人都配有夹持器。目前使用的或研制中的夹持器种类很多，为了便于研究，根据其结构、性能和应用方式分为以下 4 种：

1）简单夹持器。如机械手爪，这类夹持器只适合抓取外形规则的物体，应用范围有限。但因它的结构简单、造价低廉，所以目前应用较多。

2）多夹持器系统。此类夹持器主要用于抓取对象种类较多、外形变化较大的场所。它的优点是在操作过程中机器人可根据抓取对象选择不同的夹持器，避免因抓取对象的变化而更换机器人终端设备的麻烦。它的缺点是结构复杂，增加了机器人腕部的负载。

3）柔性夹持器。此类夹持器的特点是：在操作过程中不存在固定不变的夹持形心，所以它可抓取形状变化较大的物体，但由于其失去了对抓取物空间位姿的精确控制，因此不适用于机器人的装配操作，实际应用得较少。

4）仿人手型夹持器。此类夹持器的特点是：机械结构与人手相似，具有多个可独立驱动的关节，在操作过程中可通过关节的动作使被抓取物体在空间做有限度的平移和旋转，调整被抓取物体在空间的位姿。在作业过程中，这种小范围的调整是十分必要的，它对提高机器人作业的准确性有利。因此仿人手型夹持器的应用前景十分广阔，但由于其结构和控制系统非常复杂，目前尚处于研究阶段，实际应用很少。

总之，夹持器种类较多，但其中有些在技术上尚不成熟，有待进一步开发研究。因此，当前需要做好的是如何提高现有夹持器的性能，并从国情出发研制能满足各种作业要求、实用可靠、结构简单、造价低廉的夹持器。

6.2　工业机器人末端执行器的结构

6.2.1　机械手爪

1. 机械手爪的基本结构

机械手爪与人手相似，是工业机器人应用很广的一种手部形式。工业机器人机械手爪的主要抓取功能如图 6-2 所示。

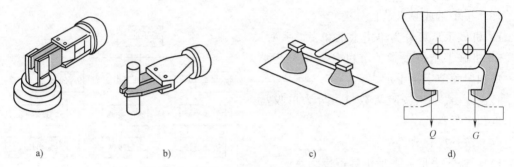

图 6-2　工业机器人机械手爪的主要抓取功能

a）内撑　b）外夹　c）吸附　d）勾托

机械手爪由手指、传动机构和驱动装置 3 部分组成。它对抓取各种形状的工件具有较大的适应性，可以抓取轴、盘、套类工件，一般情况下，多采用两个手指，少数为三指或多指。驱动装置是为传动机构提供动力的，驱动源有液动、气动和电动等。常见的传动机构往往通过滑槽、斜楔、齿轮齿条及连杆等推动杠杆机构实现夹紧或松开。

（1）手指　手指是直接与工件接触的部件。手部松开和夹紧工件就是通过手指的张开与闭合来实现的。机器人的手部一般有两个手指，也有三个或多个手指，其结构形式常取决于被夹持工件的形状和特性。

指端形状通常有 V 形、平面形、薄长形和特形。图 6-3 所示为 V 形指端的形状，用于夹持圆柱形工件。图 6-4 所示的平面指为夹钳式指端，一般用于夹持方形工件（具有两个平行平面）、板形或细小棒料。另外，薄长指一般用于夹持小型或柔性工件，薄指一般用于夹持位于狭窄工作场地的细小工件，以避免和周围障碍物相碰；长指一般用于夹持炙热的工件，以避免热辐射对手部传动机构的影响。特形指用于夹持形状不规则的工件。

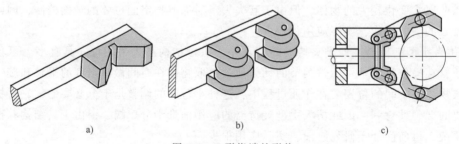

图 6-3　V 形指端的形状

a）固定 V 形　b）滚柱 V 形　c）自定位式 V 形

指面的形状常有光滑指面、齿形指面和柔性指面等。光滑指面平整光滑，用于夹持已加

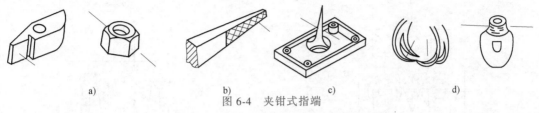

a)   b)   c)   d)

图 6-4 夹钳式指端

a) 平面指 b) 薄长指 c) 尖指 d) 特形指

工完或表面光整的工件，避免碰伤。齿形指面刻有齿纹，可增加夹持工件的摩擦力，以确保夹紧牢靠，多用于夹持表面粗糙的毛坯或半成品。柔性指面内镶橡胶、泡沫和石棉瓦等物，有增加摩擦力、保护工件表面以及隔热等作用，一般用于夹持已加工表面或炽热件，也适用于夹持薄壁件和脆性工件。

（2）传动机构 传动机构是向手指传递运动和动力，以实现夹紧和松开动作的机构。该机构根据手指开合的动作特点分为回转型和平移型，如图 6-5 所示。回转型又分为单支点回转和多支点回转；根据手爪夹紧是摆动还是平动，又可分为摆动回转型和平动回转型。

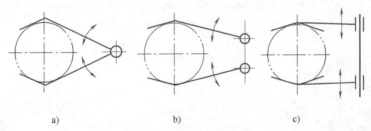

a)   b)   c)

图 6-5 回转型和平移型

a) 单支点回转型 b) 双支点回转型 c) 平移型

平移型手指的张开闭合靠手指的平行移动，适用于夹持平板、方料。在夹持直径不同的圆棒工件时，不会引起中心位置的偏移。但这种手指结构比较复杂，体积大，要求加工精度高。回转型手指的张开闭合靠指根部（以枢轴支点为中心）的回转运动来完成。枢轴支点为一个的，称为单支点回转型；枢轴支点为两个的，称为双支点回转型。这种手指结构简单，形状小巧，但夹持不同工件会产生定位误差。

1）回转型传动机构。夹钳式手部中使用较多的是回转型手部，其手指就是一对杠杆，一般再同斜楔、滑槽、连杆、齿轮、蜗轮蜗杆或螺杆等机构组成复合式杠杆传动机构，用于改变传动比和运动方向等。

图 6-6a 所示为单作用斜楔式回转型手部结构，斜楔向下运动，克服弹簧拉力，使杠杆手指装着滚子的一端向外撑开，从而夹紧工件；斜楔向上运动，则在弹簧拉力作用下使手指松开。手指与斜楔通过滚子接触可以减少摩擦力，提高机械效率。有时为了简化，也可让手指与斜楔直接接触。也有如图 6-6b 所示的结构。

图 6-7 所示为滑槽式杠杆回转型手部结构，手指 4 的一端装有 V 形指端 5，另一端则开有长滑槽。驱动杆 1 上的圆柱销 3 套在滑槽内，当驱动杆同圆柱销一起做往复运动时，即可拨动两个手指分别绕其支点（铰销 2）做相对回转运动，从而实现手指的夹紧与松开动作。

图 6-8 所示为双支点连杆杠杆式手部结构，驱动杆 2 的末端与连杆 4 由铰销 3 铰接，当驱动杆 2 做直线往复运动时，则通过连杆推动两杆手指分别绕其支点做回转运动，从而使手

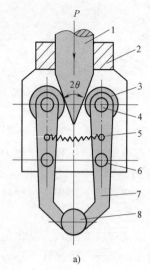
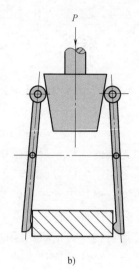

a)   b)

图 6-6 斜楔杠杆式手部结构

a）单作用斜楔式回转型手部结构   b）另一种手部结构

1—斜楔 2—壳体 3—滚子 4—圆柱销 5—弹簧 6—铰销 7—手指 8—工件

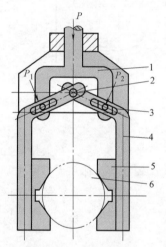
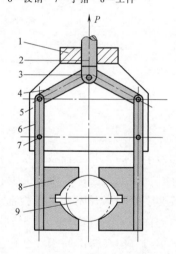

图 6-7 滑槽式杠杆回转型手部结构

1—驱动杆 2—铰销 3—圆柱销 4—手指
5—V 形指端 6—工件

图 6-8 双支点连杆杠杆式手部结构

1—壳体 2—驱动杆 3—铰销 4—连杆 5、7—圆
柱销 6—手指 8—V 形指端 9—工件

指松开或闭合。

图 6-9 所示为齿轮齿条直接传动的齿轮杠杆式手部结构。在图 6-9a）中，驱动杆 2 末端制成双面齿条，与扇齿轮 4 相啮合，而扇齿轮 4 与手指 5 固连在一起，可绕支点回转。驱动力推动齿条做直线往复运动，即可带动扇齿轮回转，从而使手指松开或闭合。在图 6-9b）中，增加了一个中间齿轮 3，驱动杆将动力通过中间齿轮传递给扇齿轮 4，从而实现手指的松开和闭合。

2）平移型传动机构。平移型夹钳式手部是通过手指的指面做直线往复移动或平面移动来实现张开或闭合动作的，常用于夹持具有平行平面的工件。它的结构较复杂，不如回转型手部应用广泛。

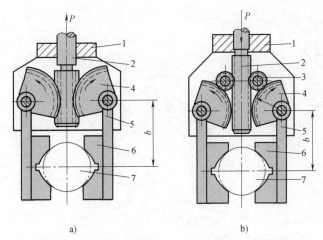

图 6-9　齿轮齿条直接传动的齿轮杠杆式手部结构

a) 手部结构一　b) 手部结构二

1—壳体　2—驱动杆　3—中间齿轮　4—扇齿轮　5—手指　6—V 形指端　7—工件

① 直线往复移动机构。实现直线往复移动的机构很多，常用的斜楔传动、齿轮齿条传动、螺旋传动等均可应用于手部结构，如图 6-10 所示。它们既可以是双指型的，也可以是三指（或多指）型的；既可自动定心，也可非自动定心。

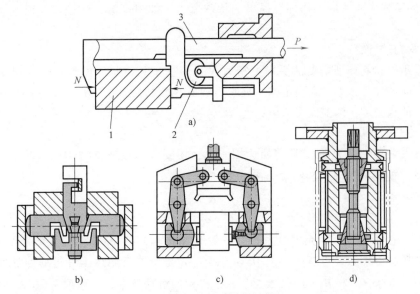

图 6-10　平移型手部结构

a) 齿轮齿条平移结构　b) 斜楔平移结构　c) 连杆杠杆平移结构　d) 螺旋斜楔平移结构

1—工件　2—齿轮　3—齿条

② 平面平行移动结构。图 6-11 所示为四连杆机构平移型手部结构。它们的共同点是都采用平行四边形的铰链机构——双曲柄铰链四连杆机构，以实现手指平移。它们的差别在于分别采用齿轮齿条、蜗杆以及连杆斜滑槽的传动方法。

2. 对机械手爪的基本要求

1) 手指握力（夹紧力）大小适宜。力量过大则动力消耗多，结构也庞大，不经济，甚

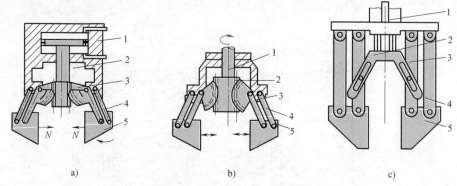

图 6-11　四连杆机构平移型手部结构

a）齿轮齿条传动的手部结构　b）蜗杆传动的手部结构　c）连杆斜滑槽传动的手部结构

1—驱动器　2—驱动元件　3—驱动摇杆　4—从动摇杆　5—手指

至会损坏工件；力量过小则夹持不住或产生松动、脱落。

2）应具有足够的开闭角度或开闭距离，便于抓取和退出工件。

3）应保证工件能准确定心或定位（有时还要求角度定位），使之能顺利地准确夹持工件。

4）在保证本身刚度、强度的前提下，尽可能使结构紧凑，重量轻，以利于减轻臂部的负载。

5）手部结构应能适应工作环境提出的特殊要求，如耐高温、耐蚀以及能承受锻锤冲击力等。

3. 夹紧力的计算

机械手爪夹持物体所需要的手指夹紧力 N 是根据被夹持物体的重量 G 及被夹持物体与手指接触面间的摩擦系数 f 来确定的。夹紧力 N 在两指接触面上所产生的摩擦力的和要大于被夹持物体的重力 G，即要满足 $N > G/2f$。

4. 驱动力的计算

在计算夹紧驱动力 P_c 时，除了重力因素外，还要考虑被夹持物体在运动中产生的惯性力、振动及传动效率等因素的影响。P_c 可按下式计算：

$$P_c = \frac{K_1 K_2}{\eta} P$$

式中，P 是理论驱动力；K_1 是安全系数，一般取 $K_1 = 1.2 \sim 2$；K_2 是工作条件系数，主要考虑惯性力及振动等因素，可按 $K_2 = 1 + 0.1a$ 估算，a 是机器人搬运工件过程的加速度或减速度的绝对值（m/s^2），取 $K_2 = 1.1 \sim 2.55$；η 是机构的机械效率，一般取 $\eta = 0.85 \sim 0.9$。

手爪的理论驱动力可按下式计算：

$$P = N/K$$

式中，N 是手部的夹紧力；K 是增力比，根据手部的传动机构形式而定，对于图 6-10a 所示的齿轮齿条平移结构，$P = 2N$。

5. 手指的夹持误差

工业机器人能否准确夹持工件，把工件送到指定位置，不仅取决于工业机器人定位精度（由臂部和腕部等运动部件确定），还与手指的夹持误差大小有关。特别是在多品种中小批量生产中，为了适应工件尺寸在一定范围内变化，避免产生手指夹持的定位误差，必须选用合理的手部结构参数。夹持不同直径工件时的夹持误差如图 6-12 所示，手指对于 R_1 和 R_2 不同直径的工件会产生 c_1 与 c_2 之间的定位误差。

以回转型手指夹持圆棒为例，为使定位误差最小，一方面，可加长手指支承杆长度 L_{AB}（但支承杆过长，整个手部结构就要增大）；另一方面，选择合适的偏转角度 β，如图 6-13 所示。

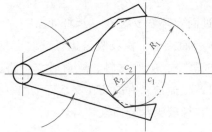

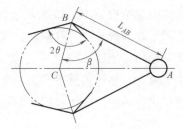

图 6-12　夹持不同直径工件时的夹持误差　　　图 6-13　回转型手指的偏转角度

为使工件中心定位误差最小，手指的偏转角 β 应按下式计算：

$$\beta = \cos^{-1}\frac{R_1 R_2}{2L_{AB}\sin\theta}$$

式中，R_1、R_2 分别是夹持工件的最大和最小半径；θ 是 V 形指端的半夹角；L_{AB} 是手指支承杆长度。

6.2.2　吸附式末端执行器

吸附式末端执行器靠吸附力取料，根据吸附原理的不同分为气吸吸盘和磁力吸盘两种。吸附式末端执行器适用于大平面（单面接触无法抓取）、易碎（玻璃、磁盘）、微小（不易抓取）的物体，因此使用面很广。

1. 气吸吸盘

气吸吸盘是由吸盘、吸盘架及气路系统组成的。吸盘用橡胶或塑料制成，其边缘要很柔软，以保持紧密贴附在被吸附物体表面而形成密封的内腔。当吸盘内抽成负压时，吸盘外部的大气压力将把吸盘紧紧地压在被吸附物体上。吸盘的吸力是由吸盘皮碗的内、外压差形成的，吸盘的吸力 F（N）可按下式求得：

$$F = \frac{S}{K_1 K_2 K_3}(P_0 - P)$$

式中，P_0 是大气压力（N/cm^2）；P 是内腔压力（N/cm^2）；S 是吸盘负压腔在工件表面上的吸附面积（cm^2）；K_1 是安全系数，一般取 $K_1 = 1.2 \sim 2$；K_2 是工作条件系数，一般取 $K_2 = 1 \sim 3$；K_3 是姿态系数，当吸附表面处于水平位置时，$K_3 = 1$，当吸附表面处于垂直位置时，$K_3 = 1/f$，f 是吸盘与工件之间的摩擦系数。

吸盘的吸力只要大于被吸附物体的重力，其所需的吸盘面积 S 可用一个吸盘或数个吸盘实现。

气吸吸盘主要用在搬运体积大、重量轻的零件（如冰箱壳体、汽车壳体等），也广泛用在需要小心搬运的物件（如显像管、平板玻璃等）。与机械手爪相比，它具有结构简单、重量轻、吸附力分布均匀等优点。气吸吸盘对工件表面的要求是平整光滑、干燥清洁、能实现气密。根据气吸产生的原理，气吸吸盘可分为真空吸盘、气流负压吸盘和挤气负压吸盘。

（1）真空吸盘 一个典型的真空吸盘控制系统由真空源、控制阀、真空吸盘和辅件组成，图6-14所示为产生负压的真空吸盘控制系统。吸盘吸力在理论上取决于吸盘与工件表面的接触面积和吸盘内外压差，实际上与工件表面状态有十分密切的关系，它会影响负压的泄漏。采用真空泵能保证吸盘内持续产生负压，所以这种吸盘比其他形式吸盘吸力大，工作可靠，但需要真空系统，成本较高。

真空吸盘结构如图6-15所示。橡胶吸盘1通过固定环2安装在支承杆4上，支承杆由螺母5固定在基板6上。取料时，橡胶吸盘与物体表面接触，橡胶吸盘边缘既起密封作用，又起缓冲作用，然后真空抽气，橡胶吸盘内腔形成真空，吸取物料。放料时，管路接通大气，失去真空，物体被放下。为避免在取、放料时产生撞击，有的还在支承杆上配有弹簧缓冲。为了更好地适应物体吸附面的倾斜状况，有的在橡胶吸盘背面设计有球铰链。

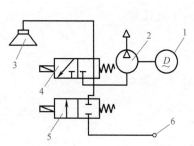

图6-14 产生负压的真空吸盘控制系统

1—电动机 2—真空泵 3—吸盘

4、5—电磁阀 6—通大气

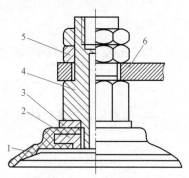

图6-15 真空吸盘结构

1—橡胶吸盘 2—固定环 3—垫片

4—支承杆 5—螺母 6—基板

（2）气流负压吸盘 图6-16所示为气流负压吸盘的气路原理图。当电磁阀得电时，压缩空气从真空发生器左侧进入并产生主射流，主射流卷吸周围静止的气体一起向前流动，从真空发生器的右侧流出。于是在主射流的周围形成一个低压区，接收室内的气体被吸进来与其相融合在一起流出，在接收室内及吸头处形成负压，当负压达到一定值时可将工件吸起来，此时压力开关可发出一个工件已被吸起的信号。当电磁阀失电时，无压缩空气进入真空发生器，不能形成负压，吸盘将工件放下。

气流负压吸盘结构如图6-17所示。利用流体力学的原理，当需要取物时，压缩空气高速流经喷嘴5时，其出口处的气压低于吸盘腔内的气压，由于伯努利效应，橡胶吸盘内的气体被高速气流带走形成负压，完成取物动作；当需要释放时，切断压缩空气即可。工厂里一般都有空压机站或空压机，空压机气源比较容易获得，不需专为机器人配置真空泵，所以气流负压吸盘在工厂使用方便。

（3）挤气负压吸盘 图6-18所示为挤气负压吸盘结构。图6-19所示为挤气负压吸盘的工作原理。当吸盘压向工件表面时，将吸盘内的空气挤出；提起工件时，吸盘恢复弹性变形，使吸盘内腔形成负压，将工件牢牢吸住，机械手即可进行工件搬运；到达目标位置后，或用碰撞力 F 或用电磁力使压盖动作，破坏吸盘腔内的负压，释放工件。挤气负压吸盘不需真空泵系统，也不需压缩空气气源，是比较经济方便的，但是可靠性比真空吸盘和气流负压吸盘差。

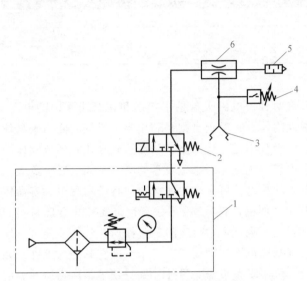

图 6-16 气流负压吸盘的气路原理图

1—气源 2—电磁阀 3—吸盘 4—压力开关
5—消声器 6—真空发生器

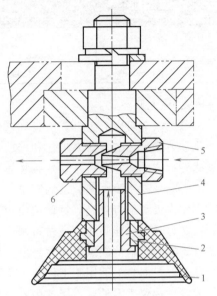

图 6-17 气流负压吸盘结构

1—橡胶吸盘 2—心套 3—透气螺钉
4—支承杆 5—喷嘴 6—喷嘴套

挤气负压吸盘的吸力计算是在假设吸盘与工件表面气密性良好情况下进行的，利用玻-玛定律和静力平衡公式计算内腔最大负压和最大极限吸力。对市场供应的三种型号耐油橡胶吸盘进行吸力理论计算及实测，其结果见表 6-1，理论计算误差主要是由工件表面假定为理想状况造成的。实验表明，在工件表面清洁度、平滑度较好的情况下，牢固吸附时间可持续 30s，能满足一般工业机器人工作循环时间的要求。

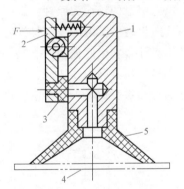

图 6-18 挤气负压吸盘结构

1—吸盘架 2—压盖 3—密封盖
4—工件 5—吸盘

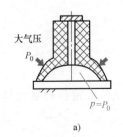 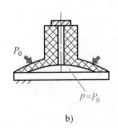 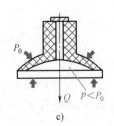 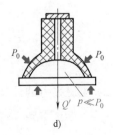

a)   b)   c)   d)

图 6-19 挤气负压吸盘的工作原理

a) 未挤气 b) 挤气 c) 提起工件重量 Q d) 提起最大工件重量 Q'

表 6-1 挤气负压吸盘吸力理论计算及实测结果

吸盘直径/mm	计算结果	实测结果	误差
	最大极限吸力/N	吸附破坏前最大吸附力/N	
25	18.93	14.7	22.3%
32	38.69	29.4	24.0%
38	71.49	58.8	17.8%

2. 磁力吸盘

磁力吸盘可以分为电磁吸盘和永磁吸盘两种。电磁吸盘是用接通和切断线圈中的电流，产生和消除磁力的方法来吸住和释放铁磁性物体。永磁吸盘则是利用永久磁钢的磁力来吸住铁磁性物体的。它通过移动隔磁物体来改变吸盘中磁力线回路，从而达到吸住和释放物体的目的。它具有不需电源、结构简单、安全可靠等优点，但永磁吸盘的吸力不如电磁吸盘大。

磁力吸盘的特点是：每单位面积有较大的吸力，可实现快速抓取，且结构简单、寿命较长。磁力吸盘只能吸住铁磁材料制成的工件（如钢铁件），吸不住有色金属和非金属材料的工件。磁力吸盘的缺点是：被吸取工件有剩磁，吸盘上常会吸附一些铁屑，致使不能可靠地吸住工件，而且只适用于工件要求不高或有剩磁也无妨的场合。对于不准有剩磁的工件，如钟表零件及仪表零件，不能选用磁力吸盘，可用真空吸盘。另外，钢、铁等磁性物质在温度为 723℃ 以上时磁性就会消失，故高温条件下不宜使用磁力吸盘。所以磁力吸盘的使用有一定的局限性。

（1）电磁吸盘的结构和原理　电磁铁的工作原理如图 6-20a 所示。当线圈 1 通电后，在铁心 2 内外产生磁场，磁力线穿过铁心、空气隙和衔铁 3 形成回路，衔铁受到电磁吸力 F 的作用被牢牢吸住。在实际使用时，往往采用如图 6-20b 所示的盘状电磁铁，衔铁是固定的，衔铁内用隔磁材料将磁力线切断，当衔铁接触磁性工件时，工件被磁化形成磁力线回路，并受到电磁吸力而被吸住。一旦断电，电磁吸力即消失，工件被松开。

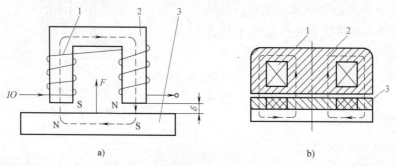

a)　　　　　　　　　　　　　b)

图 6-20　电磁铁

a）电磁铁工作原理　b）盘状电磁铁

1—线圈　2—铁心　3—衔铁

（2）电磁吸力的计算　电磁吸盘的形状、尺寸及电磁参数的设计要根据被吸物体的形状、尺寸及重量来确定，所需电磁吸力 F 的计算公式为

$$F = K_1 K_2 K_3 \frac{G}{n}$$

式中，G 是被吸物体的重力（N）；n 是电磁吸盘数量；K_1 是吸合系数，$K_1 = S_m/S$，S_m 是铁

心面积，S 是电磁铁吸合面积；K_2 是安全系数，一般取 $K_2 = 1.5 \sim 3$；K_3 是工作条件系数，$K_3 = K_3' + K_3''$，其中 K_3' 是姿态系数，取 $K_3' = 1 \sim 5$，当被吸表面处于水平位置时取小值，当被吸表面处于垂直位置时取大值，K_3'' 是动态系数，$K_3'' = 1 + a/g$，a 是吸盘运动的加速度，g 是重力加速度。

电磁吸盘能给出的吸力 F_0 按下式计算：

$$F_0 = \frac{2\sigma B^2}{2.5 \times 10^7} S_m$$

式中，B 是空气中的磁感应强度（$\mathrm{Wb/cm^2}$）；σ 是漏磁系数，取 $\sigma = 1.3 \sim 3$，气隙 δ 大时，σ 取小值；S_m 是铁心面积。

设计时要满足 $F_0 > F$。

有关电磁铁安匝数的计算及电磁铁的设计，请读者参考有关电工手册。

图 6-21 所示为电磁吸盘应用实例。图 6-21a 所示为吸取滚动轴承座圈的电磁吸盘，图 6-21b 所示为吸取钢板的电磁吸盘，图 6-21c 所示为吸取齿轮的电磁吸盘，图 6-21d 所示为吸取多孔钢板的电磁吸盘。

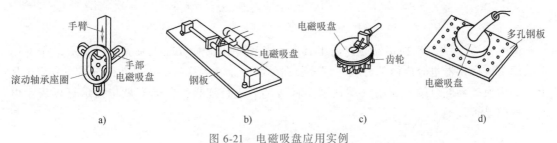

图 6-21 电磁吸盘应用实例

a) 吸取滚动轴承座圈 b) 吸取钢板 c) 吸取齿轮 d) 吸取多孔钢板

6.2.3 多夹持器系统

1. 专用工具

机器人是一种通用性很强的自动化设备，可根据作业要求，配上各种专用工具后，完成各种动作。例如：在通用机器人上安装焊枪就成为一台焊接机器人，安装拧螺母机则成为一台装配机器人。目前有许多由专用电动、气动工具改型而成的末端执行器，如图 6-22 所示，有拧螺母机、焊枪、电磨头、电铣头、抛光头、激光切割机等，所形成的一整套系列供用户选用，使机器人能胜任各种工作。

图 6-22 中还有一个装有电磁吸盘式换接器的机器人手腕，电磁吸盘直径为 60mm，质量为 1kg，吸力为 1100N，换接器可接通电源、信号、压力气源和真空源，电插头有 18 芯，气路接头有 5 路。为了保证连接位置精度，设置了两个定位销。换接器座时陈列于工具架上，需要使用时，机器人手腕上的换接器吸盘可从正面吸牢换接器座，接通电源和气源，然后从侧面将末端执行器退出工具架，机器人便可进行作业。

2. 换接器或自动手爪更换装置

使用一台通用机器人，要在作业时能自动更换不同的末端执行器，就需要配置具有快速装卸功能的换接器。换接器由两部分组成：换接器插座和换接器插头，分别装在机器人腕部和末端执行器上，能够实现机器人对末端执行器的快速自动更换。

专用末端执行器换接器的要求主要有：同时具备气源、电源及信号的快速连接与切换；能承受末端执行器的工作载荷；在失电、失气情况下，机器人停止工作时不会自行脱离；具有一定的换接精度等。

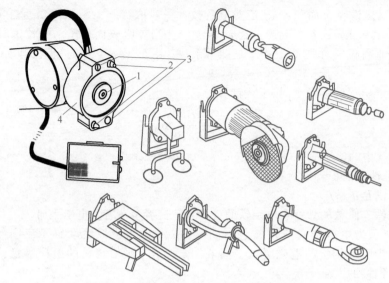

图 6-22　各种专用工具和电磁吸盘式换接器
1—气路接口　2—定位销　3—电插头　4—电磁吸盘

　　图 6-23 所示为气动换接器与专用工具库，各种专用工具放在工具架上，组成一个专用工具库。该换接器也分成两部分：一部分装在手腕上，称为换接器；另一部分装在专用工具上，称为换接器配合端。利用气动锁紧器将两部分进行连接，并具有就位指示灯以表示电路、气路是否接通。

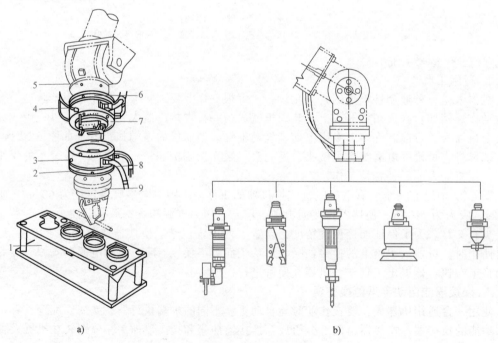

a)　　　　　　　　　　　　　b)

图 6-23　气动换接器与专用工具库

a) 气动换接器　b) 专用工具库

1—末端执行器库　2—执行器过渡法兰　3—就位指示灯　4—换接器气路　5—连接法兰　6—过渡法兰
7—换接器　8—换接器配合端　9—末端执行器

3. 多工位换接装置

某些机器人的作业任务相对较为集中，需要换接一定量的末端执行器，又不必配备数量较多的末端执行器库。这时，可以在机器人手腕上设置一个多工位换接装置。例如：在机器人柔性装配线某个工位上，机器人要依次装配如垫圈、螺钉等几种零件，装配采用多工位换接装置，可以从几个供料处依次抓取几种零件，然后逐个进行装配，既可以节省几台机器人，又可以避免通用机器人频繁换接末端执行器和节省装配作业时间。

多工位换接装置如图 6-24 所示，就像数控加工中心的刀库一样，可以有棱锥型和棱柱型两种形式。棱锥型换接装置可保证手爪轴线和手腕轴线一致，受力较合理，但其传动机构较复杂；棱柱型换接器传动机构较为简单，但其手爪轴线和手腕轴线不能保持一致，受力不均。

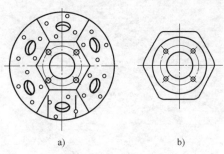

图 6-24　多工位换接装置

a) 棱锥型　b) 棱柱型

6.2.4　柔性末端执行器

为了能对不同外形的物体实施抓取，并使物体表面受力比较均匀，因此人们研制出了柔性手。图 6-25 所示为多关节柔性手，每个手指由多个关节串联而成。手指传动部分由牵引钢丝绳及摩擦滚轮组成，每个手指由两根钢丝绳牵引，一侧为握紧，另一侧为放松。驱动可采用电动机驱动或液压、气动元件驱动。柔性手腕可抓取凹凸不平的外形，并使物体受力较为均匀。

图 6-26 所示为用柔性材料做成的柔性手。一端固定，一端为自由端的双管合一的柔性管状手爪，当一侧管内充气体或液体、另一侧管内抽气或抽液时形成压力差，柔性手就向抽空侧弯曲。这种柔性手适用于抓取轻型、圆形物体，如玻璃器皿等。

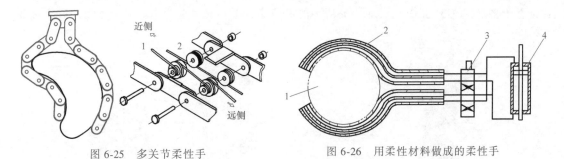

图 6-25　多关节柔性手　　　　图 6-26　用柔性材料做成的柔性手

1—工件　2—手指　3—电磁阀　4—液压缸

6.2.5　仿人手型末端执行器

仿人手型末端执行器如图 6-27 和图 6-28 所示。图 6-27 所示四爪仿人手型末端执行器可以抓取桌面上各种不同硬度和形状的物品。图 6-28 所示的三爪仿人手型末端执行器有手指关节，三个手指还可以变换成平行排列形式。

机器人灵巧手以其能够完成灵活、精细的抓取操作，从 20 世纪后半期开始，作为机器人领域的热门研究方向之一，被各国的科技人员所研究。相对于简单的末端执行器，机器人灵巧手具有通用性强、感知能力丰富、能够实现满足位置和力的闭环控制，精确、稳固抓取等优点，在空间探索、危险环境作业、医学工程、工业生产以及服务机器人等领域将发挥越来越重要的作用。

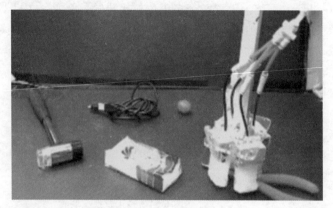

图 6-27　四爪仿人手型末端执行器

图 6-28　三爪仿人手型末端执行器

英国 Shadow 机器人公司开发的 Shadow 机器人灵巧手目前是世界上灵活度最接近人手的机器手，具有 24 个关节、20 个自由度，能模仿人手完成各种动作。它具有位置传感器、触觉传感器及压力传感器，采用气动肌肉作为驱动元件，如图 6-29 所示。Shadow 机器人灵巧手本体的外形尺寸很小，主要是由于将驱动部分及电气部分等放置在前臂内，采用绳索传动方式。

HIT/DLR 手是哈尔滨工业大学（HIT）和德国宇航中心（DLR）合作开发的多指多感知机器人灵巧手，分别于 2004 年和 2008 年研制成功了 HIT/DLR Ⅰ 手（图 6-30a）和 HIT/DLR Ⅱ 手（图 6-30b）。HIT/DLR Ⅰ 手由 4 个相同的模块化的手指组成，每个手指有 4 个关节、3 个自由度，拇指另有一个相对手掌开合的自由度，共有 13 个自由度，采用商业化的直流无刷电动机驱动，具有位置（电动机/关节）、关节力矩、指尖 6 维力/力矩、温度等多种感知功能，所有的驱动、减速、传感及电气等都集成在手掌或手指内，具有拟人手形的外观，基于多层 FPGA 和 DSP 实现了灵巧手的高速串行通信和实时控制，质量为 1.8kg，体积

图 6-29　Shadow 机器人灵巧手

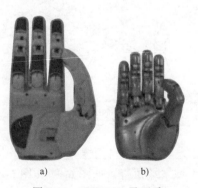

a)　　　　　　b)

图 6-30　HIT/DLR 灵巧手

大约是人手的 1.5 倍。HIT/DLR Ⅱ 手由 5 个相同的模块化的手指组成，共具有 15 个自由度，采用体积小、质量小的盘式电动机驱动和谐波减速器+同步带的传动方案，具有 CAN、PPS$_e$C。（点对点高速串行通信）、Internet 等多种通信接口，将 Ⅰ 型手的 PCI-DSP 控制卡集

成到手掌内，利用更高容量的 FPGA 芯片和 NIOS 双核处理器，实现灵巧手的实时通信和多种通信接口，质量为 1.5kg，体积与人手相当，在手指数目、体积、质量、集成度和电气接口等方面相对 I 型手有较大的提高，更加仿人手化。

<h2>6.3 码垛机器人末端执行器的设计与应用实例</h2>

目前，码垛机器人已广泛应用于医药、石化、食品、家电以及农业等诸多领域。作为码垛机器人的重要组成部分之一，码垛机器人末端执行器（码垛机械手）的工作性能、可靠性、结构、质量及外形尺寸等参数对码垛机器人的整体工作性能具有非常重要的意义。

1. 码垛机器人末端执行器的作业技术要求

1）码放物：包装袋。

2）码盘尺寸：1400mm×1200mm。

3）码放高度：8 ~ 10 层，约 2500mm。

4）码垛能力：1200 袋/h（不包括更换码盘时间）。包装袋最小尺寸为 700mm×400mm×140mm，最小质量为 20kg；包装袋最大尺寸为 900mm×600mm×250mm，最大质量为 50kg。

5）码垛机器人末端执行器总质量。考虑末端执行器对码垛机器人本体动态性能的影响，末端执行器最大质量要求不超过 80kg。

2. 码垛机器人末端执行器的机械系统方案设计与分析

在包装袋的码垛作业中，末端执行器通常采用机械手爪（叉子）结构，由气缸驱动手爪及其支架摆动实现对包装袋的抓包和放包动作。但这种末端执行器在抓包和搬运过程中，所有的载荷最终均传递到气缸上；而且，为了保证放包时手爪顺利取出，在机械手与码盘上已垛好的包之间有一定距离时就必须开始放包操作，这种码垛方式码出的垛型不好，容易出现塌垛现象。

经过分析与比较可知，需设计一种用于包装袋码垛的码垛机器人末端执行器结构方案有效避免上述问题。末端执行器的机械系统方案如图 6-31 所示。该机械手由手指开合机构、侧板开合机构和压袋机构组成，分别完成抓包、放包、夹包和压袋动作。

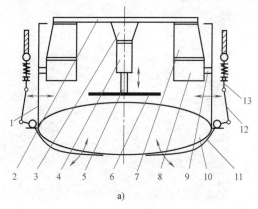
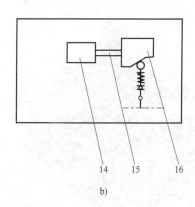

图 6-31 末端执行器的机械系统方案

a）主体结构图 b）手指夹紧驱动示意图

1—侧板 2—上连接框架 3—压袋气缸座 4—压袋气缸体 5—压袋气缸活塞杆 6—压板
7—侧板开合气缸座 8—侧板开合气缸体 9—侧板开合气缸活塞杆 10—包装袋 11—手指
12—连杆 13—滚子从动件 14—手指开合气缸体 15—手指开合气缸活塞杆 16—移动凸轮

（1）手指开合机构　该机构是由移动凸轮机构和连杆机构组成的组合机构，主要完成码垛操作中的抓包、放包动作。抓包时，手指开合气缸活塞杆 15 伸出，带动移动凸轮 16 水平移动，并推动滚子从动件 13 向下运动，再通过连杆 12 驱动手指 11 摆动到如图 6-31 所示的位置。放包时，手指开合气缸活塞杆 15 缩回，在整个机械手上升的同时，手指 11 在包装袋重力及滚子从动件 13 的弹簧恢复力的作用下张开，以准备下一个抓包动作。该手指开合机构的特点是：抓包及搬运作业时，凸轮轮廓的远休止段与滚子从动件接触，即机构始终处于自锁状态，不但避免了由于气缸输出力不够而产生的掉包现象，而且使气缸活塞杆承受的载荷大为减小，仅受摩擦力及搬运过程中的惯性力和离心力作用。

（2）侧板开合机构　该机构主要完成码垛操作中夹紧包装袋的动作。工作开合时，侧板开合气缸活塞杆 9 缩回，带动两侧板 1 互相靠近，从而完成夹紧动作。当侧板开合气缸活塞杆 9 完全伸出时，两侧板之间的距离最大，从而使张开的手指之间的宽度大于包装袋的宽度，以保证末端执行器的手指准确、可靠地落于生产线末端包装袋下面的运输辊之间，为夹紧动作做准备。

（3）压袋机构　该机构一方面主要完成码垛操作中压紧包装袋的动作，另一方面防止末端执行器所抓包装袋在机器人高速回转过程中由于惯性被甩出。工作时，压袋气缸活塞杆 5 伸出，直接带动压板 6 压紧包装袋。当包装袋放于码盘后，压袋气缸活塞杆 5 缩回，压板 6 上升，为下一循环做准备。

3. 码垛机器人末端执行器的结构设计

在对上述方案进行设计与分析的基础上，可对该码垛机器人末端执行器进行详细的结构设计，在 Pro/E 中建立组成该末端执行器的所有零部件的三维 CAD 模型及装配模型。此外，在结构设计的过程中，分别以机械手的强度、刚度、质量、体积以及成本等为目标对部分关键零部件的结构进行了优化设计。末端执行器机械系统结构如图 6-32 所示，利用 Pro/E 的质量测量功能可得，该末端执行器总质量为 76kg，满足设计要求。末端执行器实物图如图 6-33 所示。

图 6-32　末端执行器机械系统结构

图 6-33　末端执行器实物图

1—驱动气缸　2—侧板 2　3—包装袋　4—侧板

4. 码垛机器人末端执行器的工作循环图

该码垛机器人的码垛能力指标为 1200 袋/h，即每 3s 完成一个工作循环。机器人的搬运操作时间为 2.6s，而留给末端执行器的操作时间仅为 0.4s。因此，要在这么短的时间内完成抓包与放包操作，必须综合考虑多种因素，详细规划该机械手的手指开合、侧板夹紧以及放、压袋等动作，以确定合理的前后动作关系，从而保证按要求时间完成工作循环。末端执行器工作循环图如图 6-34 所示，纵坐标为气缸活塞杆伸长量。

从图 6-34 中可以看出，为了提高码垛效率，在末端执行器进行抓包操作时，待码垛机器人带动末端执行器由初始位置运动到规定抓包的位置和方位时，末端执行器的侧板开合机构、手指开合机构和压袋机构同时开始动作（规定此时为末端执行器抓包动作起点：$t = 0$）。其中，侧板开合机构运动速度最快，在 0.15s 时两侧板之间距离最短，将被码垛包装袋夹紧。在 0.2s 时，手指开合机构运动到位，两

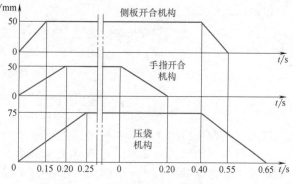

图 6-34　末端执行器工作循环图

端手指合拢。这样做的目的是将被码垛包装袋卡紧在一个有限的空间内，保证包装袋在搬运过程中的可靠性。压袋机构运动速度最慢，在 0.25s 时压板压紧被码垛包装袋。但事实上在 0.2s 之后，码垛机器人就可带动末端执行器及包装袋进行上升、摆动、转动以及下降等操作。因此，该设计可以满足末端执行器抓包操作不大于 0.2s 的工作要求。

当码垛机器人带动末端执行器及包装袋到达需要码放的位置时，手指开合机构开始动作（规定此时为末端执行器放包动作起点：$t = 0$），0.2s 之后，手指开合机构的手指完全打开，被码垛包装袋在重力和凸轮从动件弹簧弹力的作用下沿手指滑落到指定位置，之后，码垛机器人就可带动末端执行器上升，延迟 0.2s，也就是在放包开始后的 0.4s，侧板开合机构和压袋机构开始动作，并分别在 0.15s 和 0.25s 后复位。延迟 0.2s 的目的是保证两侧板打开时手指侧面不碰到码盘上相临的包装袋，因为在 0.2s 的时间内码垛机器人带动末端执行器上升到一个合适的高度，使手指下端高于码盘上包装袋的高度。

可见，末端执行器实现抓包和放包操作各占 0.2s，其他时间均留给码垛机器人本体的运动，符合末端执行器操作时间（0.4s）的要求。

5. 基于动力学的气缸选型计算

在高速码垛操作中，码垛机器人和末端执行器的运动速度和加速度很大，特别是位于机器人末端的末端执行器，其惯性力和离心力不可忽视，因此，在选择气缸时必须综合考虑。下面以左侧板开合气缸为例说明其动力学选型方法。左侧板受力简图如图 6-35 所示。

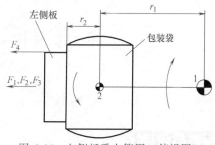

图 6-35　左侧板受力简图（俯视图）

图 6-35 中，F_1 和 F_2 分别为左侧板和包装袋相对于 1 轴产生的离心力，F_3 和 F_4 分别为左侧板和包装袋相对于 2 轴产生的离心力和惯性力。

该实例中，已知左侧板的质量 $m_1 = 14.05 \text{kg}$，包装袋的质量 $m_2 = 50 \text{kg}$。设码垛机器人本体底座的旋转轴为 1 轴，机械手的自转轴为 2 轴。1 轴、2 轴的最大角速度和最大角加速度

分别为：$\omega_1 = 2.042\text{rad/s}$，$\alpha_1 = 6.81\text{rad/s}^2$；$\omega_2 = 4.486\text{rad/s}$，$\alpha_2 = 29.90\text{rad/s}^2$。机械手绕 1 轴的最大旋转半径 $r_1 = 2.7\text{m}$，绕 2 轴的最大旋转半径 $r_2 = 0.3\text{m}$。利用 Pro/E 的模型分析功能，可以很方便地计算出左侧板及包装袋分别对 1、2 轴的转动惯量，分别为：$I_{板1} = 127.58\text{kg}\cdot\text{m}^2$，$I_{板2} = 1.86\text{kg}\cdot\text{m}^2$；$I_{袋1} = 369.00\text{kg}\cdot\text{m}^2$，$I_{袋2} = 4.50\text{kg}\cdot\text{m}^2$。

根据以上已知条件，左侧板所受到的径向力计算如下：

$$F_1 = m_1(r_1 + r_2)\omega_1^2 = 14.05 \times (2.7 + 0.3) \times 2.042^2\text{N} = 175.8\text{N}$$

$$F_2 = m_2 r_1 \omega_1^2 = 50 \times 2.7 \times 2.042^2\text{N} = 562.9\text{N}$$

$$F_3 = m_1 r_2 \omega_2^2 = 14.05 \times 0.3 \times 4.486^2\text{N} = 85.0\text{N}$$

$$F_4 = \frac{I_{袋2}\alpha_2}{2r_2} = \frac{4.5 \times 29.9}{2 \times 0.3}\text{N} = 224.3\text{N}$$

因此，左侧板所承受的最大径向动态载荷为 $F_d = F_1 + F_2 + F_3 + F_4 = 1048.0\text{N}$。

由于机械手的侧板由导轨通过直线轴承支承，为滚动摩擦，设其摩擦系数 $f = 0.05$，则左侧板所承受的静载荷为 $F_j = 0.05 \times 14.05 \times 9.8\text{N} = 6.9\text{N}$。显然，机械手的动态载荷要远大于静态载荷。因此，在选择侧板开合气缸型号时，必须进行动力学分析。

6. 气动系统设计

在该码垛机器人末端执行器中，各机构的动作均采用气动驱动实现。因此，气动系统设计得合理与否将直接影响码垛机械手的工作性能、可靠性、质量以及成本等。在本气动系统中，为了保证气缸活塞杆的速度稳定性和各动作的协调性，气动执行元件采用带磁性开关的双电控气缸，并采用排气节流方式，以确保稳定的输出速度。同时，为了降低成本，在确保流量的情况下，采用一个电磁阀带动两个气缸的方式。末端执行器的气动系统如图 6-36 所示。

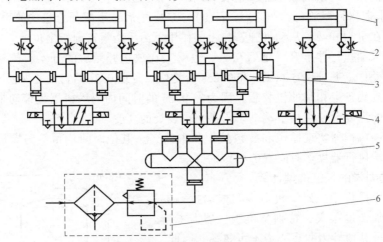

图 6-36　末端执行器的气动系统
1—气缸　2—速度控制阀　3、5—快换接头　4—电磁阀　6—过滤减压阀

思考与练习

1. 工业机器人末端执行器有哪些特点？

2. 工业机器人末端执行器按夹持原理有哪些分类？

3. 简述机械手爪的组成部分。

4. 简述真空式吸盘（真空吸盘、气流负压吸盘和挤气负压吸盘）的吸附原理。

5. 简述磁力吸盘的吸附原理和应用特点。

第7章
工业机器人的维护与保养

学习目标

1. 熟悉工业机器人常规维护保养项目。
2. 熟悉工业机器人电池组更换步骤及注意事项。
3. 熟悉工业机器人油脂补充、更换步骤及其注意事项。
4. 熟悉工业机器人控制柜的检查步骤和方法。

本章围绕工业机器人维护与保养的相关内容，从了解常规维护保养项目、电池组更换、油脂补充与更换以及控制柜检查几个方面进行了详细阐述，使学生初步掌握工业机器人维护与保养的知识，建立维护与保养相关的意识。

7.1 工业机器人常规维护保养项目

按工业机器人生产厂家规定的保养周期，对工业机器人进行定期维护保养，对于延长工业机器人的寿命十分重要。正确的维护保养作业不仅能够使机器经久耐用，而且对防止故障和确保安全也是必不可少的。在进行工业机器人的维护保养作业时，必须要切断电源，并贴上诸如"禁止通电"标志后进行，否则有可能发生触电、人身伤害等事故。

工业机器人的维护保养要指定专业人员进行。维护保养人员分为专业人员、有资格者和制造公司人员三类。维护保养时间间隔的设定以电源接通时间计算。表 7-1 中的维护保养时间间隔是以弧焊作业为基准，其他用途或使用条件特殊时，要单独分析。应特别注意：对于搬运作业等高使用频率的应用，需缩短维护保养时间间隔，或者直接咨询生产厂家。图 7-1 所示为工业机器人维护保养的部位和作业序号，图 7-1 中的作业序号与表 7-1 中的维护保养序号一致，相互结合便于维护保养工作。

表 7-1 维护保养项目一览表

维护保养项目		时间间隔						方法、工具	处理内容	维护保养人员		
		日常	间隔 1000h	间隔 6000h	间隔 12000h	间隔 24000h	间隔 36000h			专业人员	有资格者	制造公司人员
1	原点标记	●						目测	与原点姿态的标记一致，检查有无污损	●	●	●
2	外部导线	●						目测	检查有无损伤	●	●	●
3	整体外观	●						目测	清扫灰尘、检查各部分有无龟裂、损伤	●	●	●
4	S、L、U 轴电动机	●						目测	检查有无漏油	●	●	●
5	底座螺栓		●					螺钉旋具、扳手	检查有无缺少、松动；补缺、拧紧	●	●	●

（续）

维护保养项目		日常	间隔 1000h	间隔 6000h	间隔 12000h	间隔 24000h	间隔 36000h	方法、工具	处理内容	专业人员	有资格者	制造公司人员
6	盖类螺栓		●					螺钉旋具、扳手	检查有无缺少、松动;补缺、拧紧	●	●	●
7	底座插座		●					手触	检查有无松动、插紧	●	●	●
8	B、T轴同步带				●			手触	检查皮带张紧力及磨损程度		●	●
9	机内导线(S、L、U、R、B、T轴导线)				●			目测、万用表	检测底座的主插座与中间插座的导通试验(确认时用手摇动导线),检查保护弹簧的磨损		●	●
						●			更换			●
10	机内导线(B、T轴导线)				●			目测、万用表	端子间的导通试验,检查保护弹簧的磨损		●	●
						●			更换			●
11	机内电池组						●		DX100控制器显示电池报警或使用36000h时更换电池		●	●
12	S轴减速器			●	●			油枪	检查有无异常(异常时更换) 补油(间隔6000h) 换油(间隔12000h)		●	●
13	L、U轴减速器			●	●			油枪	检查有无异常(异常时更换) 补油(间隔6000h) 换油(间隔12000h)		●	●
14	R、B、T轴减速器			●				油枪	检查有无异常(异常时更换) 补油(间隔6000h)		●	●
15	T轴齿轮			●				油枪	检查有无异常(异常时更换) 补油(间隔6000h)	●		●
16	R轴十字交叉轴承			●				油枪	检查有无异常(异常时更换) 补油(间隔6000h)	●		●
17	大修					●						●

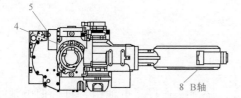

机器人处于原点位置

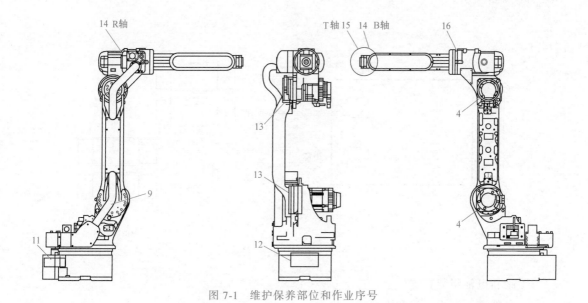

图 7-1   维护保养部位和作业序号

7.2   工业机器人电池组的更换

图 7-2 所示为 MH6 机器人电池组的安装位置。当 DX100 控制器显示电池报警时，请按以下步骤更换电池。

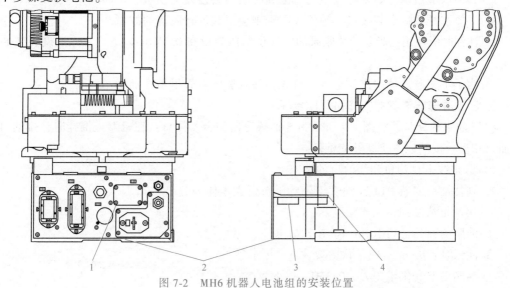

图 7-2   MH6 机器人电池组的安装位置

1—金属板固定螺栓   2—插座基座   3—电池组   4—支架

1）关闭控制柜的主电源。

2）拆下盖板，拉出电池组，以便更换。

3）把电池组从支架上取下。

4）把新电池组插在支架空闲的插座上。

5）拔下旧电池组。注意：为防止编码器数据丢失，必须先连接新电池组，再拆旧电池组，如图7-3所示。

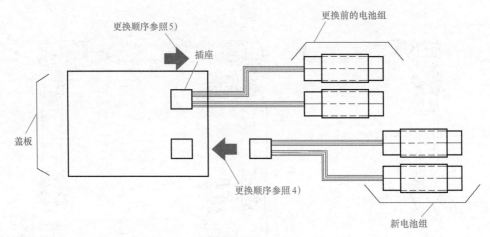

图7-3　电池组连接图

6）把新电池组装在支架上。

7）重新盖好盖板，注意不要挤压电缆。

7.3　工业机器人油脂的补充和更换

工业机器人补充和更换油脂时请注意以下事项，否则电动机、减速器会出现故障。

1）必须取下堵塞。如果不取堵塞，注油时油脂会侵入电动机，引起故障。

2）不要在排油口安装接口、软管等，否则会引起油封脱落的故障。

3）注油时应使用油脂泵。油脂泵的空气供给压力设在0.3MPa以下，注入速度设在8g/s以下。

4）为了不使减速器内进入空气，首先在注入侧的软管里填充油脂。

1. S轴减速器油脂的补充和更换步骤

（1）油脂补充步骤　图7-4所示为S轴减速器构造。注意：在机器人倒挂时，排油口和注油口相反。按照以下步骤补充油脂：

1）分别取下排油口和注油口的堵塞。

2）在注油口安装PT1/8油嘴（油嘴随机器人本体一起出厂）。

3）用油枪从注油口注入油脂。

① 油脂的种类：VIGO grease RE No. 0。

② 注入量：70cm^3（第一次需要注入140cm^3）。

③ 油脂泵空气供给压力：0.3MPa以下。

④ 油脂注入速度：8g/s以下。

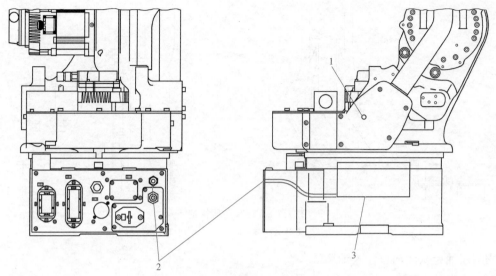

图 7-4 S 轴减速器构造

1—排油口（内六角头堵塞 PT1/8） 2—注油口（内六角头堵塞 PT1/8） 3—S 轴减速器

4）安装排油口堵塞前，运动 S 轴几分钟，使多余油脂从排油口排出。

5）在注油口取下油嘴，装上堵塞，拧紧转矩为 4.9N·m。堵塞要涂 Three Bond 1206C 密封胶。

6）用布擦净从排油口排出的多余油脂，在排油口安装堵塞，拧紧转矩为 4.9N·m。堵塞要涂 Three Bond 1206C 密封胶。

（2）油脂更换步骤

1）分别取下排油口和注油口的堵塞。

2）在注油口安装 PT1/8 油嘴（该油嘴随机器人本体一起出厂）。

3）用油枪从注油口注入油脂。

① 油脂种类：VIGO grease RE No.0。

② 注入量：约 450cm^3。

③ 油脂泵空气供给压力：0.3MPa 以下。

④ 油脂注入速度：8g/s 以下。

4）从排油口完全排除旧油脂，开始排出新油脂时，说明油脂更换结束（旧油脂与新油脂可以通过颜色来辨别）。

5）安装排油口堵塞前，运动 S 轴几分钟，使多余油脂从排油口排出。

6）用布擦净从排油口排出的多余油脂，取下注油口的油嘴，在排油口和注油口安装堵塞，拧紧转矩为 4.9N·m。堵塞要涂 Three Bond 1206C 密封胶。

2. L 轴减速器油脂的补充和更换步骤

（1）油脂的补充步骤 图 7-5 所示为 L 轴减速器构造。注意：在机器人倒挂时，排油口和注油口相反。使 L 臂处于垂直地面的位置。

1）取下排油口的堵塞。

2）取下注油口的堵塞。

3）在注油口安装 A-MT6×1 油嘴（油嘴随机器人本体一起出厂）。

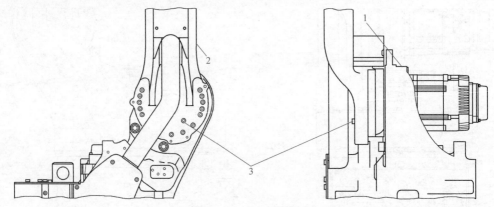

图 7-5 L 轴减速器构造

1—排油口（内六角头堵塞 PT1/8） 2—L 臂 3—注油口（内六角头堵塞 M6）

4）用油枪从注油口注入油脂。

① 油脂种类：VIGO grease RE No.0。

② 注入量：$65cm^3$（第一次需要注入 $130cm^3$）。

③ 油脂泵空气供给压力：0.3MPa 以下。

④ 油脂注入速度：8g/s 以下。

5）安装排油口堵塞前，运动 L 轴几分钟，使多余油脂从排油口排出。

6）在注油口取下油嘴，装上堵塞，拧紧转矩为 10N·m。堵塞要涂 Three Bond 1206C 密封胶。

7）用布擦净从排油口排出的多余油脂，在排油口安装堵塞，拧紧转矩为 4.9N·m。堵塞要涂 Three Bond 1206C 密封胶。

（2）油脂更换步骤

1）L 臂处于垂直于地面的位置。

2）取下排油口的堵塞。

3）取下注油口的堵塞。

4）在注油口安装 A-MT6×1 油嘴（油嘴随机器人本体一起出厂）。

5）用油枪从注油口注入油脂。

① 油脂种类：VIGO grease RE No.0。

② 注入量：约 $420cm^3$

③ 油脂泵空气供给压力：0.3MPa 以下。

④ 油脂注入速度：8g/s 以下。

6）从排油口完全排除旧油脂，开始排出新油脂时，说明油脂更换结束（旧油脂与新油脂可以通过颜色来辨别）。

7）安装排油口堵塞前，令 L 轴运动几分钟，使多余油脂从排油口排出。

8）在注油口取下油嘴，装上堵塞，拧紧转矩为 10N·m。堵塞要涂 Three Bond 1206C 密封胶。

9）用布擦净从排油口排出的多余油脂，在排油口安装堵塞，拧紧转矩为 4.9 N·m。堵塞要涂 Three Bond 1206C 密封胶。

3. U 轴减速器油脂的补充和更换步骤

（1）油脂补充步骤　图 7-6 所示为 U 轴减速器构造，注意在机器人倒挂时，排油口和注油口相反。按照以下步骤补充油脂：

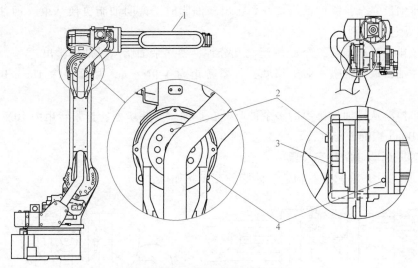

图 7-6　U 轴减速器的构造

1—U 臂　2—排油口（内六角头堵塞 M6）　3—U 轴减速器　4—注油口（内六角头堵塞 PT1/8）

1）U 臂处于与地面水平的位置。

2）取下排油口的堵塞。

3）取下注油口的堵塞。

4）在注油口安装 PT1/8 油嘴（油嘴随机器人本体一起出厂）。

5）用油枪从注油口注入油脂。

① 油脂种类：VIGO grease RE No. 0。

② 注入量：30cm^3（第一次需要注入 60cm^3）。

③ 油脂泵空气供给压力：0. 3MPa 以下。

④ 油脂注入速度：8g/s 以下。

6）安装排油口堵塞前，令 U 轴运动几分钟，使多余油脂从排油口排出。

7）在注油口取下油嘴，装上堵塞，拧紧转矩为 10N·m。堵塞要涂 Three Bond 1206C 密封胶。

8）用布擦净从排油口排出的多余油脂，在排油口安装堵塞，拧紧转矩为 10N·m。堵塞要涂 Three Bond 1206C 密封胶。

（2）油脂更换步骤

1）U 臂处于与地面平行的位置。

2）取下排油口的堵塞。

3）取下注油口的堵塞。

4）在注油口安装 PT1/8 油嘴（油嘴随机器人本体一起出厂）。

5）用油枪从注油口注入油脂。

① 油脂种类：VIGO grease RE No. 0。

② 注入量：约 200cm³。

③ 油脂泵空气供给压力：0.3MPa 以下。

④ 油脂注入速度：8g/s 以下。

6）从排油口完全排除旧油脂，开始排出新油脂时，说明油脂更换结束（旧油脂与新油脂可以通过颜色来辨别）。

7）安装排油口堵塞前，令 U 轴运动几分钟，使多余油脂从排油口排出。

8）在注油口取下油嘴，装上堵塞，拧紧转矩为 4.9N·m。堵塞要涂 Three Bond 1206C 密封胶。

9）用布擦净从排油口排出的多余油脂，在排油口安装堵塞，拧紧转矩为 10N·m。堵塞要涂 Three Bond 1206C 密封胶。

4. R 轴减速器油脂补充步骤

图 7-7 所示为 R 轴减速器构造。油脂补充步骤如下：

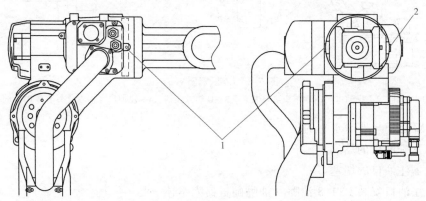

图 7-7　R 轴减速器构造

1—注油口（内六角头堵塞 M6×6）　2—排气口（堵塞 LP-M5）

1）取下排气口堵塞。

2）取下注油口的内六角头堵塞，安装 A-MT6×1 油嘴（油嘴和机器人本体一起出厂）。

3）用油枪从注油口注入油脂。

① 油脂种类：Harmonic grease SK-1A。

② 注入量：8cm³（第一次需要注入 16cm³）。

排气口不能排油脂，注意不要注入过量油脂。

4）在注油口取下油嘴，装上堵塞，拧紧转矩为 6N·m。堵塞要涂 Three Bond 1206C 密封较。

5）安装排气口堵塞，拧紧转矩为 6N·m。堵塞要涂 Three Bond 1206C 密封胶。

5. B 轴、T 轴减速器油脂补充步骤

图 7-8 所示为 B 轴、T 轴减速器构造。油脂补充步骤如下：

1）取下 B 轴排气口堵塞和 T 轴排气口堵塞。对于 B 轴，要先取下盖子。

2）取下注油口的内六角头堵塞，安装 A-MT6×1 油嘴（油嘴随机器人本体一起出厂）。

3）用油枪从注油口注入油脂。

① 油脂种类：Harmonic grease SK-1A。

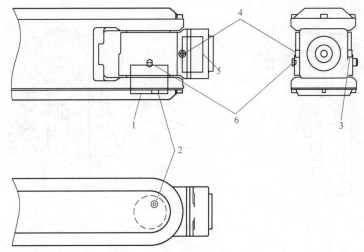

图 7-8　B 轴、T 轴减速器构造

1—B 轴减速器　2—注油口（B 轴，内六角头堵塞 M6）　3—注油口（T 轴，内六角头堵塞 M6）

4—排气口（T 轴，内六角头堵塞 M6）　5—T 轴减速器　6—排气口（B 轴，堵塞 LP-M5）

② 注入量：B 轴 10cm^3（第一次需要注入 20 cm^3），T 轴 5cm^3（第一次需要注入 10cm^3）。

排气口不能排油脂，注意不要注入过量油脂。

4）在注油口取下油嘴，装上堵塞，拧紧转矩为 6N·m。堵塞要涂 Three Bond 1206C 密封胶。

5）安装 B 轴排气口堵塞和 T 轴排气口堵塞，拧紧转矩为 6N·m（0.6kgf·m）。堵塞要涂 Three Bond 1206C 密封胶。

6. T 轴齿轮油脂补充步骤

图 7-9 所示为 T 轴齿轮构造。油脂补充步骤如下：

1）取下排气口的堵塞。

2）取下注油口的内六角头堵塞，安装 A-MT6×1 油嘴（油嘴随机器人本体一起出厂）。

3）用油枪从注油口注入油脂。

① 油脂种类：Harmonic grease SK-1A。

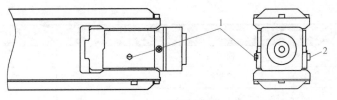

图 7-9　T 轴齿轮构造

1—排气口（堵塞 LP-M5）　2—注油口（内六角头堵塞 M6）

② 注入量：5cm^3（第一次需要注入 10cm^3）。

排气口不能排油脂，注意不要注入过量油脂。

4）在注油口取下油嘴，装上堵塞，拧紧转矩为 6N·m。堵塞要涂 Three Bond 1206C 密封胶。

5）安装排气口堵塞。堵塞要涂 Three Bond 1206C 密封胶。

7. R 轴十字交叉轴承油脂补充步骤

图 7-10 所示为 R 轴十字交叉轴承构造。油脂补充步骤如下：

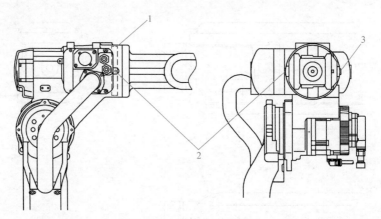

图 7-10　R 轴十字交叉轴承

1—R 轴十字交叉轴承　2—注油口（内六角头堵塞 M6×6）　3—排气口（堵塞 LP-M5）

1）取下排气口的堵塞。

2）取下注油口的内六角头堵塞，安装 A-MT6×1 油嘴（油嘴随机器人本体一起出厂）。

3）用油枪从注油口注入油脂。

① 油脂种类：Alvania EP grease 2。

② 注入量：$3cm^3$（第一次需要注入 $6cm^3$）。

4）在注油口取下油嘴，装上堵塞，拧紧转矩为 6N·m。堵塞要涂 Three Bond 1206C 密封胶。

5）在排气口安装堵塞。堵塞要涂 Three Bond 1206C 密封胶。

7.4　工业机器人控制柜的维护保养

工业机器人的控制柜必须经常保养，以保证其正常工作。表 7-2 所示为控制柜保养计划表。表 7-3 所示为控制柜的检查步骤和方法。

表 7-2　控制柜保养计划表

保养内容	设备	周期	说明
检查	控制柜	6 个月	
清洁	控制柜		
清洁	空气过滤器		
更换	空气过滤器	4000h/24 个月	小时表示运行时间,而月份表示实际的日历时间
更换	电池	12000h/36 个月	同上
更换	风扇	60 个月	同上

表 7-3　控制柜的检查步骤和方法

步骤	方法	说明
1	检查柜子内部,确定里面无杂质,如果发现杂质,应清除并检查柜子的衬垫和密封	更换密封不好的密封层
2	检查柜子的密封结合处及电缆密封管的密封性,确保灰尘和杂质不会从这些地方被吸入柜子里面	

（续）

步骤	方法	说明
3	检查插头及电缆连接的地方是否松动,电缆是否有破损	
4	检查空气过滤器是否干净	
5	检查风扇是否正常工作	更换有故障的风扇

在维修控制柜或连接到控制柜上的其他单元之前，先注意以下几点：

1）断掉控制柜的所有供电电源。

2）控制柜或连接到控制柜的其他单元内部很多元件都对静电很敏感，如果受静电影响，有可能损坏。

3）在操作时，一定要连接一个接地的静电防护装置，如特殊的静电手套等，有的模块或元件安装了静电保护扣，用来连接保护手套，应使用它。

清洁控制柜所需设备有一般清洁器具和真空吸尘器。可以用帕子沾酒精来清洁外部柜体，用真空吸尘器清洁柜子内部。控制柜内部清洁方法与步骤见表7-4。

表 7-4　控制柜内部清洁方法与步骤

步骤	操作	说明
1	用真空吸尘器清洁柜子内部	
2	如果柜子里面装有热交换装置,需保持其清洁,这些装置通常在供电电源后面、计算机模块后面或驱动单元后面。	如果需要,可以先移开这些热交换装置,然后再清洁柜子

清洁柜子之前的注意事项如下：

1）尽量使用上面介绍的工具清洁，否则容易造成一些额外的问题。

2）清洁前，检查保护盖或者其他保护层是否完好。

3）清洁前，千万不要移开任何盖子或保护装置。

4）千万不要使用指定以外的清洁用品，如压缩空气及溶剂等。

5）千万不要用高压的清洁器喷射。

思考与练习

1. 工业机器人维护保养人员分为哪三类？

2. 简述工业机器人电池组更换步骤及注意事项。

3. 工业机器人油脂补充和更换时需注意哪些事项？

4. 简述工业机器人控制柜检查步骤和方法。

5. 根据生产实际，制作一份工业机器人维护保养手册。

参 考 文 献

［1］ 龚仲华. 工业机器人从入门到应用 ［M］. 北京：机械工业出版社，2016.

［2］ 孙汉卿，吴海波. 多关节机器人原理与维修 ［M］. 北京：国防工业出版社，2013.

［3］ 郭洪红. 工业机器人技术 ［M］. 2 版. 西安：西安电子科技大学出版社，2016.

［4］ 郝巧梅、刘怀兰. 工业机器人技术 ［M］. 北京：电子工业出版社，2016.

［5］ 宋伟刚，柳洪义. 机器人技术基础 ［M］. 2 版. 北京：冶金工业出版社，2015.

［6］ 兰虎. 工业机器人技术及应用 ［M］. 北京：机械工业出版社，2014.

［7］ 郭洪红. 工业机器人技术 ［M］. 2 版. 西安：西安电子科技大学出版社，2012.

［8］ 刘军. 工业机器人技术及应用 ［M］. 北京：电子工业出版社，2017.

［9］ 李金泉，杨向东，付铁. 码垛机器人机械结构与控制系统设计 ［M］. 北京：北京理工大学出版社，2011.

［10］ 龚仲华，龚晓雯. 大中型工业机器人手腕的设计 ［J］. 机电工程，2016，33（12）：1457-1462.

［11］ 付铁，李金泉，陈恳，等. 一种新型高速码垛机械手的设计与实现 ［J］. 北京理工大学学报，2007，27（1）：17-20.

［12］ 付铁，李金泉，杨向东，等. 新型码垛机械手的动态载荷计算与选型 ［J］. 北京理工大学学报，2008，28（1）：24-26.